化学工业出版社"十四五"普通高等教育规划教程

综合化学实验

张国伟 陈显兰 冯绍平 等 编著

化学工业出版社

北京

内容简介

《综合化学实验》强调在实验过程中培养学生的实验设计及实施能力，进而培养学生的创新能力。在编著过程中，融入了多年教学实践经验和诸多科研创新成果，既注重学生对物理化学和化工原理知识的学习，又突显物理化学实验和化工原理实验的共性问题。全书共分四大部分：第一部分是实验常识，涵盖了实验目的与要求、实验的安全防护、实验误差与数据处理、测定结果的表示方法等内容；第二部分是基础实验，包含 16 个经典的物理化学实验；第三部分是综合性设计实验，包含 5 个物理化学实验和 4 个化工原理实验；第四部分是附录和参考文献，附录包含常用的 7 个测量设备的原理和使用方法，27 个常用数据表。

本书可作为高等院校化学化工专业实验课教材和教学参考书。

图书在版编目（CIP）数据

综合化学实验 / 张国伟等编著. — 北京 ：化学工业出版社，2023.2

ISBN 978-7-122-42718-2

Ⅰ．①综… Ⅱ．①张… Ⅲ．①化学实验 Ⅳ.
①O6-3

中国国家版本馆 CIP 数据核字（2023）第 001913 号

责任编辑：杨 菁 徐一丹 金 杰　　　　文字编辑：王可欣 师明远
责任校对：边 涛　　　　　　　　　　　　装帧设计：张 辉

出版发行：化学工业出版社（北京市东城区青年湖南街 13 号 邮政编码 100011）
印　　装：北京科印技术咨询服务有限公司数码印刷分部
787mm×1092mm 1/16 印张 8¾ 字数 214 千字 2023 年 7 月北京第 1 版第 1 次印刷

购书咨询：010-64518888　　　　　　　售后服务：010-64518899
网　　址：http://www.cip.com.cn

定　　价：36.00 元　　　　　　　　　　　　　　版权所有　违者必究

随着近年来教学改革的深入和发展，化学实验课在教学内容、教学方法及教学设备等方面均有了很大的发展和变化，为此，红河学院化学系以培养学生的创新思维和实践能力，适应学校新的人才培养模式为目标，对化学化工类专业的实验课程体系与内容进行了全面改革，将传统的物理化学实验和化工原理实验的内容设计优化成综合化学实验，构建了具有地方本科院校特色的实验课程新体系。本书是在红河学院精品课程"综合化学实验Ⅱ"建设过程中，对物理化学实验和化工原理实验多年教学经验进行总结，在原有讲义的基础上，精心整理、优化设计、创新提高，同时吸取了绿色化学的教育理念，引入了国家标准、行业标准，是教学改革的成果，也是多年教学实践的结晶。

本书强调在实验过程中培养学生的实验设计、实验实施能力，进而培养学生的创新能力，在编著过程中，揉入了多年教学实践经验和诸多科研创新，既突出学生对物理化学和化工原理知识的学习，又突显物理化学实验和化工原理实验的共性问题，因此本书可作为高等院校化学化工专业实验课的教材和教学参考书。

全书共分为四大部分：

第一部分是实验常识。这部分内容介绍了实验的基本知识、安全防护及数据处理等内容，使学生对这类实验的特点和方法有较全面、系统的了解。

第二部分是基础实验。这部分内容包含了 16 个经典的物理化学实验。

第三部分是综合性设计实验。这部分内容包含了 5 个物理化学实验和 4 个化工原理实验。

第四部分是附录及参考文献。这部分内容包括教学中用到的 7 个常用测量设备的原理和使用方法、27 个常用数据表格，以及物理化学实验和化工原理实验的参考文献等内容，方便学生查阅相关数据。

本书在实验部分有诸多创新和改革，如在"完全互溶双液系气-液相图的绘制"实验中，我们针对该实验所使用的沸点仪存在过热（沸腾温度远远超过沸点）和分馏（沸腾产生的气相在向上迁移过程中，随着迁移高度的增加，分馏现象会突显出来）等问题，将设计思路集中在如何正确地测定沸点和测得沸腾的真实气液相组成，对沸点仪进行了优化设计。在"热分析法绘制二组分固-液相图"实验中，我们从热力学角度分析了以往实验方法存在的问题，否定了石墨粉在铅锡二元合金相图实验中保护铅锡试剂高温下不被氧化的可能性，并改用松香作为抗氧化剂（松香是熔化合金的良好热传导介质，在电子工业中常作为铅锡焊料的助焊剂）对实验进行改进，使得该实验从一个有毒有害实验转变为绿色实验，实验成果发表于核心期刊《化学教育》。在"黏度法测定高分子化合物的分子量"实验中，我们仅仅通过降低聚乙烯醇的浓度，倾斜安装乌式黏度计（与垂线夹角成30°），就解决了实验中的毛细管容易堵塞等问题。

红河学院精品课程"综合化学实验 Ⅱ"建设结题获得校级质量工程建设二等奖，结题后我们一如既往地对课程进行查缺补漏，继续创新，改进实验方法，获得了与实验教学密切相关的 8 项实用新型专利，这些新的科技成果均被揉入本书的各个实验里。

在本书出版之际，我们特别感谢红河学院的范兴祥、刘贵阳教授！无论是课程建设还是本书稿的出版，都得到了范兴祥、刘贵阳教授的鼎力支助！是范兴祥、刘贵阳教授促进了我们对实验教学的改进和创新，并促成了本书的出版。

限于编者水平，书中难免存在纰漏，恳请读者批评指正。

编著者

2022 年 8 月

附录　　　　　　　　　　　　　　　　　99

参考文献　　　　　　　　　　　　　　　133

第一章
实验常识

通过第一章的学习应达到以下目的：
(1) 理解实验安全的重要性。
(2) 掌握实验室安全用电、用水及使用化学药品的安全防护等知识。
(3) 掌握实验室常见伤害的救护并能灵活运用于实践。
(4) 培养勤奋、求真、求实、勤俭节约的科研精神。

第一节 实验目的与要求

一、实验目的

(1) 使学生了解物理化学实验的基本实验方法和实验技术，学会通用仪器的操作，培养学生的动手能力。

(2) 通过实验操作、现象观察和数据处理，锻炼学生分析问题、解决问题的能力。

(3) 加深对物理化学基本原理的理解，给学生提供理论联系实际和理论应用于实践的机会。

二、实验要求

1. 做好预习

学生在进实验室之前必须仔细阅读实验书中有关内容并掌握基础知识，明确本次实验中测定什么量、最终求算什么量、用什么实验方法、使用什么仪器、控制什么实验条件等，并在此基础上，学习实验目的、操作步骤、实验记录和注意事项等。进入实验室后不要急于动手做实验，首先要对照卡片查对仪器，看是否完好，发现问题及时向指导教师提出，然后对照仪器进一步预习，认真听指导教师的讲解，在教师指导下做好实验准备工作。

2. 执行实验操作程序

经指导教师同意方可接通仪器电源进行实验。仪器的使用要严格按照"基础知识与技术"中规定的操作规程进行，不可盲动；对于实验操作步骤，通过预习应心中有数，严禁"抓中药"式的操作，看一下书、动一下手。实验过程中要仔细观察实验现象，发现异常现象应仔细查明原因，或请教指导教师帮助分析处理。实验结果必须经教师检查，数据不合格的应及时返工重做，直至获得满意结果。实验数据应随时记录在预习笔记本上，记录数据要实事求是、详细准确，且注意整洁清楚，不得任意涂改。尽量采用表格形式。要养成良好的记录习惯。实验完毕后，经指导教师同意，方可离开实验室。

3. 完成实验报告

学生应独立完成实验报告，并在下次实验前及时送交指导教师批阅。实验报告应包括实验目的、实验原理、实验装置简图（有时可用方块图表示）、操作步骤、数据处理、结果讨论和实验思考等内容。数据处理应有原始数据记录表和计算结果表示表（有时可合二为一），需要计算的数据必须列出算式，对于多组数据，可仅列出其中一组数据的算式。作图时必须按第一章中数据处理部分的要求去做，实验报告的数据处理中不仅包括表格、作图和计算，还应有必要的文字叙述。例如："所得数据列入××表""由表中数据作××～××图"等，并按照"表头图尾"的格式书写。实验报告要清晰、明了，逻辑性强，便于批阅和留作以后参考。结果讨论应包括对实验现象的分析解释、查阅文献的情况、对实验结果误差的定性分析或定量计算、对实验的改进意见和做实验的心得体会等，这是锻炼学生分析问题的重要一环，应予重视。

4. 遵守实验室规则

（1）实验时应遵守操作规则，遵守一切安全规则，保证实验安全进行。

（2）遵守纪律、不迟到、不早退，保持室内安静，不大声谈笑，不到处乱走，不在实验室内嬉闹及恶作剧。

（3）使用水、电、煤气、试剂药品等都应本着节约原则。

（4）未经老师允许不得乱动精密仪器，使用时要爱护仪器，如发现仪器损坏，应立即报告指导教师并追查原因。

（5）随时注意室内整洁卫生，按照相关规定处置废物，不能随地乱丢，更不能丢入水槽，以免堵塞。实验完毕后将玻璃仪器洗净，把实验桌打扫干净，公用仪器、试剂药品等都整理整齐。

（6）实验时要集中注意力、认真操作、仔细观察、积极思考，实验数据要及时、如实、详细地记在预习笔记本上，不得涂改和伪造，如有记错可在原数据上划一杠，再在旁边记下正确值。

（7）实验结束后，由学生轮流值日，负责打扫整理实验室，检查水、煤气、门窗是否关好，确认电闸是否拉掉，以保证实验室的安全。

实验室规则是人们长期从事化学实验工作的总结，是保持良好环境和工作秩序、防止意外事故、做好实验的重要前提，也是培养学生优良素质的重要措施。

第二节 实验的安全防护

在化学实验室里，安全是非常重要的，它常常潜藏着诸如发生爆炸、着火、中毒、灼伤、割伤、触电等事故的危险性，如何来防止这些事故的发生以及万一发生又如何来急救，是每一个化学实验者必须具备的素质。这些内容在先行的化学实验课中均已反复地作了介绍。在此主要结合物理化学实验的特点介绍安全用电、使用化学药品的安全防护等知识。

一、安全用电

违章用电常常可能造成人身伤亡、火灾、仪器设备损坏等严重事故。物理化学实验使用电器较多，特别要注意安全用电。表 1-1 列出了 50.0Hz 交流电通过人体的反应情况。

表 1-1 不同电流强度时的人体反应

电流强度/mA	1.0~10.0	10.0~25.0	25.0~100.0	100.0 以上
人体反应	麻木感	肌肉强烈收缩	呼吸困难、甚至停止呼吸	心脏心室纤维性颤动、死亡

1. 防止触电

（1）不用潮湿的手接触电器。

（2）电源裸露部分应有绝缘装置（例如电线接头处应裹上绝缘胶布）。

（3）所有电器的金属外壳都应保护接地。

（4）进行实验时，应先连接好电路后再接通电源。实验结束时，先切断电源再拆线路。

（5）修理或安装电器时，应先切断电源。

（6）不能用试电笔去试高压电。使用高压电源应有专门的防护措施。

（7）如有人触电，应迅速切断电源，然后进行抢救。

2. 防止引起火灾

（1）使用的保险丝要与实验室允许的用电量相符。

（2）电线的安全通电量应大于用电功率。

（3）室内若有氢气、煤气等易燃易爆气体，应避免产生电火花。继电器工作和开关电闸时，易产生电火花，要特别小心。电器接触点（如电插头）接触不良时，应及时修理或更换。

（4）如遇电线起火，立即切断电源，用沙或二氧化碳、四氯化碳灭火器灭火，禁止用水或泡沫灭火器等导电液体灭火。

3. 防止短路

（1）线路中各接点应牢固，电路元件两端接头不要互相接触，以防短路。

（2）电线、电器不要被水淋湿或浸在导电液体中，例如实验室加热用的灯泡接口不要浸在水中。

4. 电器仪表的安全使用

（1）在使用前，先了解电器仪表要求使用的电源是交流电还是直流电，是三相电还是单相电，以及电压的大小（380V、220V、110V或6V）。须弄清电器功率是否符合要求及直流电器仪表的正、负极。

（2）仪表量程应大于待测量。若待测量大小不明时，应从最大量程开始测量。

（3）实验之前要检查线路连接是否正确。经教师检查同意后方可接通电源。

（4）在电器仪表使用过程中，如发现有不正常声响、局部温升或嗅到绝缘漆过热产生的焦味，应立即切断电源，并报告教师进行检查。

二、使用化学药品的安全防护

1. 防毒

（1）实验前，应了解所用药品的毒性及防护措施。

（2）操作有毒气体（如 H_2S、Cl_2、Br_2、NO_2、HCl 和 HF 等）应在通风橱内进行。

（3）苯、四氯化碳、乙醚、硝基苯等的蒸气会引起中毒。它们虽有特殊气味，但久嗅会使人嗅觉减弱，所以应在通风良好的情况下使用。

（4）有些药品（如苯、有机溶剂、汞等）能透过皮肤进入人体，应避免与皮肤接触。

（5）氰化物、高汞盐［$HgCl_2$、$Hg(NO_3)_2$ 等］、可溶性钡盐（$BaCl_2$）、重金属盐（如镉、铅盐）、三氧化二砷等剧毒药品，应妥善保管，使用时要特别小心。

（6）禁止在实验室内喝水、吃东西。饮食用具不要带进实验室，以防毒物污染，离开实验室及饭前要洗净双手。

2. 防爆

可燃气体与空气混合，当两者比例达到爆炸极限时，受到热源（如电火花）的诱发，就会引起爆炸。一些气体的爆炸极限见表1-2。

表 1-2 某些气体与空气相混合的爆炸极限 （20℃，1atm）

气体	爆炸高限 （体积分数）/%	爆炸低限 （体积分数）/%	气体	爆炸高限 （体积分数）/%	爆炸低限 （体积分数）/%
氢	74.2	4.0	乙酸	—	4.1
乙烯	28.6	2.8	乙酸乙酯	11.4	2.2
乙炔	80.0	2.5	一氧化碳	74.2	12.5
苯	6.8	1.4	水煤气	72	7.0
乙醇	19.0	3.3	煤气	32	5.3
乙醚	36.5	1.9	氨	27.0	15.5
丙酮	12.8	2.6			

注：$1atm = 1.013 \times 10^5 Pa$。

（1）使用可燃性气体时，要防止气体逸出，室内通风要良好。

（2）操作大量可燃性气体时，严禁使用明火，还要防止产生电火花及其他撞击火花。

（3）有些药品，如叠氮铝、乙炔银、乙炔铜、高氯酸盐、过氧化物等，受震和受热都易引起爆炸，使用要特别小心。

（4）实验试剂按照相关规定实行"分类存放"。

（5）久藏的乙醚使用前应除去其中可能产生的过氧化物。

（6）进行容易引起爆炸的实验，应有防爆措施。

3. 防火

（1）许多有机溶剂，如乙醚、丙酮、乙醇、苯等，非常容易燃烧，大量使用时室内不能有明火、电火花或静电放电。实验室内不可存放过多这类药品，用后还要及时回收处理，不可倒入下水道，以免聚集引起火灾。

（2）有些物质如磷，金属钠、钾，电石及金属氢化物等，在空气中易氧化自燃。还有一些金属如铁、锌、铝等的粉末，比表面大也易在空气中氧化自燃。这些物质要隔绝空气保存，使用时要特别小心。

实验室如果着火不要惊慌，应根据情况进行灭火，常用的有：水、沙、二氧化碳灭火器、四氯化碳灭火器、泡沫灭火器和干粉灭火器等。可根据起火的原因选择使用，以下几种情况不能用水灭火：

① 金属钠、钾、镁、铝粉，电石，过氧化钠着火，应用干沙灭火。

② 比水轻的易燃液体，如汽油、苯、丙酮等着火，可用泡沫灭火器。

③ 有灼烧的金属或熔融物的地方着火时，应用干沙或干粉灭火器。

④ 电器设备或带电系统着火，可用二氧化碳灭火器或四氯化碳灭火器。

4. 防灼伤

强酸、强碱、强氧化剂、溴、磷、钠、钾、苯酚、乙酸等都会腐蚀皮肤，特别要防止溅入眼内。液氧、液氮等低温也会严重灼伤皮肤，使用时要小心。万一灼伤应及时治疗。

三、汞的安全使用和汞的纯化

汞中毒分急性和慢性两种。急性中毒多为高汞盐（如 $HgCl_2$）入口所致，$0.1\sim0.3g$ 即可致死。吸入汞蒸气会引起慢性中毒，症状有：食欲不振、恶心、便秘、贫血、骨骼和关节疼、精神衰弱等。汞蒸气的最大安全浓度为 $0.1mg/m^3$，而 $20℃$ 时汞的饱和蒸气压为 $0.0012mmHg$（$1mmHg=133.322Pa$），超过安全浓度 100 倍。所以使用金属汞必须严格遵守安全用汞操作规定。

1. 安全用汞操作规定

（1）不要让金属汞直接暴露于空气中，盛汞的容器应在汞面上加盖一层水。

（2）装汞液的仪器下面一律放置浅瓷盘，防止金属汞液滴洒落到桌面上和地面上。

（3）一切转移汞的操作，也应在浅瓷盘内进行（盘内装水）。

（4）实验前检查盛装汞液的仪器是否放置稳固。橡皮管或塑料管连接处要缚牢。

（5）储存汞液的容器要用厚壁玻璃器皿或瓷器。用烧杯暂时盛汞，不可多装以防破裂。

（6）若有金属汞掉落在桌上或地面上，先用吸汞管尽可能将汞珠收集起来，然后用硫黄盖在汞溅落的地方，并摩擦使之生成 HgS。也可用 $KMnO_4$ 溶液使其氧化。

（7）擦过汞或汞齐的滤纸或布必须放在有水的瓷缸内。

（8）盛汞器皿或有汞的仪器应远离热源，严禁把附着了汞液或汞齐的仪器放进烘箱。

（9）使用汞的实验室应有良好的通风设备，纯化汞操作时，应有专用的实验室。

（10）手上若有伤口，切勿接触汞。

2. 汞的纯化

液态汞中有两类杂质：一类是外部沾污，如盐类或悬浮脏物。可多次用水洗及用滤纸刺一小孔过滤除去。另一类是汞与其他金属形成的合金，例如极谱实验中，金属离子在汞阴极上还原成金属单质并与汞形成合金。这种杂质可选用下面几种方法纯化：

（1）易氧化的金属（如 Na、Zn 等）可用硝酸溶液氧化除去。

（2）汞中溶有重金属（如 Cu、Pb 等）时，可用蒸汞器蒸馏提纯。蒸馏应在严密的通风橱内进行。

（3）电解提纯。汞在稀 H_2SO_4 溶液中，阳极（碳棒）电解可有效地除去轻金属。电解电压 $5.0 \sim 6.0V$，电流 $0.2A$ 左右，此时轻金属溶解在溶液中，当轻金属快溶解完时，汞才开始溶解，此时溶液变混浊，汞面有白色 $HgSO_4$ 析出。这时降低电流继续电解片刻即可结束。将电解液分离掉，汞在洗汞器中用蒸馏水多次冲洗。

四、高压钢瓶的使用及注意事项

1. 气体钢瓶的颜色标记

气体钢瓶常用的标记如表 1-3 所示。

表 1-3　气体钢瓶常用的标记

气体类别	瓶身颜色	标字颜色	字样
氮气	黑	黄	氮
氧气	天蓝	黑	氧
氢气	淡绿	大红	氢
压缩空气	黑	白	压缩空气
二氧化碳	铝白	黑	二氧化碳
氨	银灰	深绿	氨
氮气	淡黄	黑	液氨
氯	深绿	白	液氯
乙炔	白	大红	乙炔　不可近火
氟氯烷	铝白	黑	氟氯烷
石油气	灰	红	石油气
粗氩气	黑	白	粗氩
纯氩气	灰	绿	纯氩

2. 气体钢瓶的使用

（1）在钢瓶上装上配套的减压阀。检查减压阀是否关紧，方法是逆时针旋转调压手柄至螺杆松动为止。

（2）打开钢瓶总阀门，此时高压表显示出瓶内贮气总压力。

（3）慢慢地顺时针转动调压手柄，至低压表显示出实验所需压力为止。

（4）停止使用时，先关闭总阀门，待减压阀中余气放净后，再关闭减压阀。

3. 注意事项

（1）钢瓶应存放在阴凉、干燥、远离热源的地方。可燃性气瓶应与氧气瓶分开存放。

（2）搬运钢瓶要小心轻放，钢瓶帽要旋上。

（3）使用时应装减压阀和压力表。可燃性气瓶（如 H_2、C_2H_2）气门螺丝为反丝；不燃性或助燃性气瓶（如 N_2、O_2）为正丝。各种压力表一般不可混用。

（4）不要让油或易燃有机物沾染在气瓶上（特别是气瓶出口和压力表上）。

（5）开启总阀门时，不要将头或身体正对总阀门，防止万一阀门或压力表冲出伤人。

（6）不可把气瓶内气体用光，以防重新充气时发生危险。

（7）使用中的气瓶每三年应检查一次，装腐蚀性气体的钢瓶每两年检查一次，不合格的气瓶不可继续使用。

（8）氢气瓶应放在远离实验室的专用小屋内，用紫铜管引入实验室，并安装防止回火的装置。

第三节　实验误差与数据处理

由于实验方法和实验设备的不完善、周围环境的影响，以及人的观察力、测量程序等的限制，实验观测值和真值之间总是存在一定的差异。人们常用绝对误差、相对误差或有效数字来说明一个近似值的准确程度。为了评定实验数据的精确性或误差，认清误差的来源及其影响，需要对实验的误差进行分析和讨论。由此可以判定哪些因素是影响实验精确度的主要方面，从而在以后的实验中，进一步改进实验方案，缩小实验观测值和真值之间的差值，提高实验的精确性。

一、误差的基本概念

测量就是用实验的方法，将被测物理量与所选用作为标准的同类量进行比较，从而确定它的大小。测量是人类认识事物本质所不可缺少的手段。通过测量和实验能使人们对事物获得定量的概念，从而发现事物的规律性。科学上很多新的发现和突破都是以实验测量为基础的。

1. 真值与平均值

真值是待测物理量客观存在的确定值，也称理论值或定义值。通常真值是无法测得的。若在实验中，测量的次数无限多时，根据误差的分布定律，正负误差的出现概率相等；再经过细致地消除系统误差，将测量值加以平均，可以获得非常接近于真值的数值。但是实际上实验测量的次数总是有限的。用有限次数的测量值求得的平均值只能是近似真值。常用的平均值有下列几种：

(1) 算术平均值　算术平均值是最常见的一种平均值。

设 x_1、x_2、$\cdots$、x_n 为各次测量值，n 代表测量次数，则算术平均值为

$$\bar{x} = \frac{x_1 + x_2 + \cdots + x_n}{n} = \frac{\sum\limits_{i=1}^{n} x_i}{n}$$

(2) 几何平均值　几何平均值是将一组 n 个测量值连乘并开 n 次方求得的平均值。即

$$\bar{x}_{几} = \sqrt[n]{x_1 x_2 \cdots x_n}$$

(3) 均方根平均值

$$\bar{x}_{均} = \sqrt{\frac{x_1^2 + x_2^2 + \cdots + x_n^2}{n}} = \sqrt{\frac{\sum\limits_{i=1}^{n} x_i^2}{n}}$$

(4) 对数平均值　在化学反应、热量和质量传递中，其分布曲线多具有对数的特性，在这种情况下表征平均值常用对数平均值。

设两个量 x_1、x_2，其对数平均值为

$$\bar{x}_{对} = \frac{x_1 - x_2}{\ln x_1 - \ln x_2} = \frac{x_1 - x_2}{\ln \dfrac{x_1}{x_2}}$$

应指出，变量的对数平均值总小于算术平均值。当 $x_1/x_2 \leqslant 2$ 时，可以用算术平均值代替对数平均值。

当 $x_1/x_2 = 2$ 时，$\bar{x}_{对} = 1.443 x_2$，$\bar{x} = 1.50 x_2$，$|\bar{x}_{对} - \bar{x}| / \bar{x}_{对} \approx 4.0\%$，即 $x_1/x_2 \leqslant 2$，引起的误差不超过 4.0%。

以上介绍各平均值的目的是要从一组测定值中找出最接近真值的那个值。在化工实验和科学研究中，数据分布较多属于正态分布，所以通常采用算术平均值。

2. 误差的分类

根据误差的性质和产生的原因，一般分为三类。

(1) 系统误差　系统误差是指在测量和实验中未发觉或未确认的因素所引起的误差，而这些因素的影响结果永远朝一个方向偏移，其大小及符号在同一组实验测定中完全相同，当实验条件一经确定，系统误差就获得一个客观上的恒定值。

当改变实验条件时，就能发现系统误差的变化规律。

系统误差产生的原因：测量仪器不良，如刻度不准、仪表零点未校正或标准表本身存在偏差等；周围环境的改变，如温度、压力、湿度等偏离校准值；实验人员的习惯和偏向，如读数偏高或偏低等引起的误差。针对仪器的缺点、外界条件变化影响的大小、个人的偏向，分别加以校正后，系统误差是可以清除的。

(2) 偶然误差　在已消除系统误差的一切量值的观测中，所测数据仍在末一位或末两位数字上有差别，而且它们的绝对值和符号的变化，时而大时而小，时正时负，没有确定的规律，这类误差称为偶然误差或随机误差。偶然误差产生的原因不明，因而无法控制和补偿。但是，倘若对某一量值作足够多次的等精度测量后，就会发现偶然误差完全服从统计规律，误差的大小或正负的出现完全由概率决定。因此，随着测量次数的增加，随机误差的算术平

均值趋近于零，所以多次测量结果的算数平均值将更接近于真值。

（3）过失误差　过失误差是一种显然与事实不符的误差，它往往是实验人员粗心大意、过度疲劳和操作不正确等原因引起的。此类误差无规律可寻，只要加强责任感、多方警惕、细心操作，过失误差是可以避免的。

3. 精密度、准确度和精确度

反映测量结果与真实值接近程度的量，称为精度（亦称精确度）。它与误差大小相对应，测量的精度越高，其测量误差就越小。"精度"应包括精密度和准确度两层含义。

（1）精密度　测量中所测得数值重现性的程度，称为精密度。它反映偶然误差的影响程度，精密度高就表示偶然误差小。

（2）准确度　测量值与真值的偏移程度，称为准确度。它反映系统误差的影响程度，准确度高就表示系统误差小。

（3）精确度（精度）　它反映测量中所有系统误差和偶然误差的综合影响程度。

在一组测量中，精密度高的准确度不一定高，准确度高的精密度也不一定高，但精确度高，则精密度和准确度都高。

为了说明精密度与准确度的区别，可用下述打靶子的例子来说明，如图 1-1 所示。

图 1-1(a) 中表示精密度和准确度都很好，则精确度高；图 1-1(b) 表示精密度很好，但准确度却不高；图 1-1(c) 表示精密度与准确度都不好。在实际测量中没有像靶心那样明确的真值，而是设法去测定这个未知的真值。

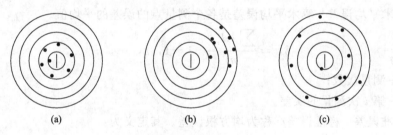

　　　　(a)　　　　　　　　　　　(b)　　　　　　　　　　　(c)

图 1-1　精密度和准确度的关系

学生在实验过程中，往往满足于实验数据的重现性，而忽略了数据测量值的准确程度。绝对真值是不可知的，人们只能订出一些国际标准作为测量仪表准确性的参考标准。随着人类认识运动的推移和发展，可以逐步逼近绝对真值。

4. 误差的表示方法

利用任何量具或仪器进行测量时，总存在误差，测量结果总不可能准确地等于被测量的真值，而只是它的近似值。测量的质量高低以测量的精确度作指标，根据测量误差的大小来估计测量的精确度。测量结果的误差愈小，则认为测量就愈精确。

（1）绝对误差　测量值 X 和真值 A_0 之差为绝对误差，通常称为误差。记为：

$$D = X - A_0$$

由于真值 A_0 一般无法求得，因而上式只有理论意义。常用高一级标准仪器的示值作为实际值 A 以代替真值 A_0。由于高一级标准仪器存在较小的误差，因而 A 不等于 A_0，但总比 X 更接近于 A_0。X 与 A 之差称为仪器的示值绝对误差。记为

$$d = X - A$$

与 d 相反的数称为修正值，记为

$$C = -d = A - X$$

通过检定，可以由高一级标准仪器给出被检仪器的修正值 C。利用修正值便可以求出该仪器的实际值 A。即

$$A = X + C$$

（2）相对误差　衡量某一测量值的准确程度，一般用相对误差来表示。示值绝对误差 d 与被测量的实际值 A 的比值的百分数称为实际相对误差。记为

$$\delta_A = \frac{d}{A} \times 100\%$$

以仪器的示值 X 代替实际值 A 的相对误差称为示值相对误差。记为

$$\delta_X = \frac{d}{X} \times 100\%$$

一般来说，除了某些理论分析外，用示值相对误差较为适宜。

（3）引用误差　为了计算和划分仪表精确度等级，提出引用误差概念。其定义为仪表示值的绝对误差与量程范围之比。

$$\delta_{引} = \frac{示值绝对误差}{量程范围} \times 100\% = \frac{d}{X_n} \times 100\%$$

式中　　d——示值绝对误差；

$\quad\quad X_n$——标尺上限值－标尺下限值。

（4）算术平均误差　算术平均误差是各个测量点的误差的平均值。

$$\delta_平 = \frac{\sum |d_i|}{n} \quad i = 1, 2, \cdots, n$$

式中　　n——测量次数；

$\quad\quad d_i$——第 i 次测量的误差。

（5）标准误差　标准误差亦称为均方根误差。其定义为：

$$\sigma = \sqrt{\frac{\sum d_i^2}{n}}$$

上式适用于无限测量的场合。实际测量工作中，测量次数是有限的，则改用下式：

$$\sigma = \sqrt{\frac{\sum d_i^2}{n-1}}$$

标准误差不是一个具体的误差，σ 的大小只说明在一定条件下等精度测量集合所属的每一个测量值对其算术平均值的分散程度，如果 σ 的值愈小则说明每一次测量值对其算术平均值分散度就小，测量的精度就高，反之精度就低。

在化工原理实验中最常用的 U 形管压差计、转子流量计、秒表、量筒、电压表等仪表原则上均取其最小刻度值为最大误差，而取其最小刻度值的一半作为绝对误差计算值。

5. 测量仪表精确度

测量仪表的精确等级是用最大引用误差（又称允许误差）来标明的。它等于仪表示值中的最大绝对误差与仪表的量程范围之比的百分数。

$$\delta_{n\max} = \frac{示值最大绝对误差}{量程范围} \times 100\% = \frac{d_{\max}}{X_n} \times 100\%$$

式中　$\delta_{n\max}$——仪表的最大测量引用误差；

　　　$d_{\max}$——仪表示值的最大绝对误差；

　　　X_n——标尺上限值－标尺下限值。

通常情况下是用标准仪表校验较低级的仪表。所以，最大示值绝对误差就是被校表与标准表之间的最大绝对误差。

测量仪表的精度等级是国家统一规定的，把允许误差中的百分号去掉，剩下的数字就称为仪表的精度等级。仪表的精度等级常以圆圈内的数字标明在仪表的面板上。

仪表的精度等级为 a，它表明仪表在正常工作条件下，其最大引用误差的绝对值 $\delta_{n\max}$ 不能超过的界限，即

$$|\delta_{n\max}| = \left|\frac{d_{\max}}{X_n}\right| \times 100\% \leqslant a\%$$

由上式可知，在应用仪表进行测量时所能产生的最大绝对误差（简称误差限）为

$$d_{\max} \leqslant a\% X_n$$

而用仪表测量的最大示值相对误差为

$$\frac{d_{\max}}{X_n} \leqslant a\% \frac{X_n}{X}$$

由上式可以看出，用仪表测量某一被测量所能产生的最大示值相对误差，不会超过仪表允许误差 $a\%$ 乘以仪表测量上限 X_n 与测量值 X 的比。在实际测量中为可靠起见，可用下式对仪表的测量误差进行估计，即

$$\delta_m = a\% \frac{X_n}{X}$$

二、有效数字及其运算规则

在科学与工程中，测量或计算结果总是以一定位数的数字来表示。不是说一个数值中小数点后面位数越多越准确。实验中从测量仪表上所读数值的位数是有限的，取决于测量仪表的精度，其最后一位数字往往是仪表精度所决定的估计数字。即一般应读到测量仪表最小刻度的十分之一位。数值准确度由有效数字位数来决定。

1. 有效数字

一个数据，其中除了起定位作用的"0"外，其他数都是有效数字。如 0.0037 只有 2 位有效数字，而 370.0 则有 4 位有效数字。一般要求测试数据有效数字为 4 位。要注意有效数字不一定都是可靠数字。如测流体阻力所用的 U 形管压差计，最小刻度是 1.0mm，但我们可以读到 0.1mm，如 342.4mmHg；又如二等标准温度计最小刻度为 0.1℃，我们可以读到 0.01℃，如 15.16℃。此时有效数字为 4 位，而可靠数字只有 3 位，最后一位是不可靠的，称为可疑数字。记录测量数值时只保留一位可疑数字。

为了清楚地表示数值的精度，明确读出有效数字位数，常用指数的形式表示，即写成一个小数与相应 10 的整数幂的乘积。这种以 10 的整数幂来记数的方法称为科学记数法。

如　752000　　有效数字为 4 位时，记为 7.520×10^5

有效数字为 3 位时，记为 7.52×10^5

有效数字为 2 位时，记为 7.5×10^5

0.00478　有效数字为 4 位时，记为 4.780×10^{-3}

有效数字为 3 位时，记为 4.78×10^{-3}

有效数字为 2 位时，记为 4.8×10^{-3}

2. 有效数字运算规则

（1）记录测量数值时，只保留一位可疑数字。

（2）当有效数字位数确定后，其余数字一律舍弃。舍弃办法是四舍六入，即末位有效数字后边第一位小于 5，则舍弃不计；大于 5 则在前一位数上增 1；等于 5 时，前一位为奇数，则进 1 为偶数，前一位为偶数，则舍弃不计。这种舍入原则可简述为："小则舍，大则入，正好等于奇变偶"。如，保留 4 位有效数字：

$$3.71729 \rightarrow 3.717$$
$$5.14285 \rightarrow 5.143$$
$$7.62356 \rightarrow 7.624$$
$$9.37656 \rightarrow 9.376$$

（3）在加减计算中，各数所保留的位数，应与各数中小数点后位数最少的相同。例如将 24.65、0.0082、1.632 三个数字相加时，应写为 $24.65 + 0.01 + 1.63 = 26.29$。

（4）在乘除运算中，各数所保留的位数，以各数中有效数字位数最少的那个数为准；其结果有效数字位数亦应与原来各数中有效数字最少的那个数相同。例如：

$0.0121 \times 25.64 \times 1.05782$ 应写成 $0.0121 \times 25.6 \times 1.06 = 0.328$。

上例说明，虽然这三个数的乘积为 0.3281823，但只应取其积为 0.328。

（5）在对数计算中，所取对数位数应与真数有效数字位数相同。

第四节　测定结果的表示方法

实验数据经误差分析和数据处理之后，就可考虑结果的表述形式。实验结果的表述不是简单地罗列原始测量数据，需要科学地表述，既要清晰，又要简洁。推理要合理，结论要正确。实验结果的表示有列表法、图解法和方程式法（函数法）。分别简要介绍如下。

一、列表法

列表法用表格的形式表达实验结果。具体做法是：将已知数据、直接测量数据及通过公式计算得出的（间接测量）数据，按主变量 x 与应变量 y 的关系，一个一个地对应列入表中。这种表达方法的优点是：数据一目了然，从表格上可以清楚而迅速地看出二者间的关系，便于阅读、理解和查询；数据集中，便于对不同条件下的实验数据进行比较与校核。在作表格时，应注意下述几点。

1. 表格的设计

表格的形式要规范，排列要科学，重点要突出。每一表格均应有一完全又简明的名称。

一般将每个表格分成若干行和若干列，每一变量占表格中一行或一列。

2. 表格中的单位与符号

在表格中，每一行的第一列（或每一列的第一行）是变量的名称及量纲。使用的物理量单位和符号要标准化、通用化。

3. 表格中的数据处理

同一项目（每一行或列）所记的数据，应注意其有效数字的位数尽量一致，并将小数点对齐，以便查对数据。如果用指数来表示数据中小数点的位置，为简便起见，可将指数放在行名旁，但此时指数上的正负号应易号。

此外，表格中不应留有空格，失误或漏做的内容要以"/"划去。

例如：最大泡压法测定溶液表面张力中，不同浓度乙醇的折射率及表面张力数据记录至表 1-4 中。

表 1-4 不同乙醇浓度的折射率及表面张力

乙醇浓度 /(mol/L)	折射率	Δp/kPa				$\gamma/(10^{-3} \mathrm{N/m})$
		1	2	3	平均值	
0.000	1.3326	0.764	0.766	0.765	0.765	71.2
0.896	1.3355	0.663	0.664	0.662	0.663	62.3
1.706	1.3380	0.592	0.593	0.594	0.593	55.7
2.445	1.3406	0.539	0.540	0.538	0.539	50.7
3.217	1.3435	0.509	0.510	0.508	0.509	47.8
4.103	1.3465	0.477	0.478	0.479	0.478	44.9
4.816	1.3491	0.452	0.451	0.453	0.452	42.5
5.479	1.3516	0.450	0.449	0.451	0.450	42.3
6.365	1.3539	0.422	0.421	0.423	0.422	39.7

二、图解法

图解法是指利用实验测得的原始数据，通过正确的作图方法画出合适的直线或曲线，以图的形式表达实验结果。该法的优点是使实验测得的各数据间的相互关系表现得更为直观，能清楚地显示出所研究对象的变化规律，如极大值或极小值、转折点、周期性和变化速率等。从图上也易于找出所需的数据，有时还可用作图外推法或内插法求得实验难以直接获得的物理量。然而，图解法的缺点是存在作图误差，所得的实验结果不太精确。因此，为了得到理想的实验结果，绘图技术显得至关重要。传统的手工绘图是在坐标纸上描点进行的，该作图方式个人主观性较强，人为引入的误差较大，且计算费时费力，重现性差。

近年来，计算机软件在实验数据处理方面的应用越来越广泛，提高了数据处理效率和结果的准确性。其中，Origin 是由 OriginLab 公司开发的一个科学绘图、数据分析软件，支持在 Microsoft Windows 下运行。Origin 是一款数据处理和绘图功能十分强大的软件，被广泛用来处理和分析各种实验数据，减少人为误差的同时，还能给出各项统计和拟合参数。Origin 发布了不同的版本，对于一般的作图和数据分析而言，使用 Origin 7.5 及以上版本完全能够满足要求，不必刻意追求最新的版本。

Origin 9.0 软件界面如图 1-2 所示。

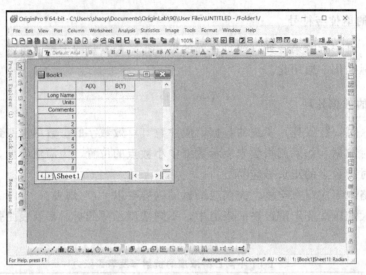

图 1-2　Origin 9.0 软件界面

例如，利用 Origin 9.0 软件，以表 1-4 中的实验数据进行线性拟合，得到不同乙醇浓度和折射率的线性关系（图 1-3），进一步通过非线性拟合，可以得到不同乙醇浓度和表面张力的函数关系（图 1-4）。

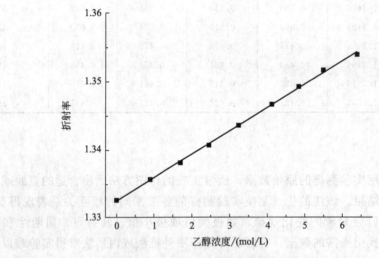

图 1-3　不同乙醇浓度与折射率的关系

三、方程式法

方程式法是将实验中各变量的依赖关系用数学方程式（函数关系式、经验方程式）的形式表达出来，此法表达方式简单，记录方便，不仅给微分、积分、外推或内插等运算带来极大的方便，而且便于进行科学讨论和科技交流。随着计算机的普及，用函数形式来表达实验结果将会得到更普遍的应用。

方程式法表示实验数据有两大任务：一是建立数学方程式；二是确定方程式中的常数。

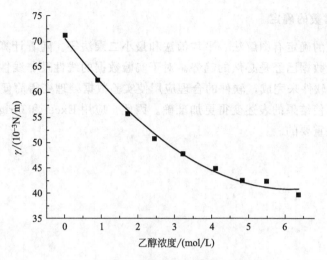

图 1-4 不同乙醇浓度和表面张力的关系

1. 数学方程式的建立

比较理想的方程式一方面要求形式简单，所含有的参数尽可能少；另一方面要求方程式能够准确代表实验数据，真实可靠地反映变量之间的相互关系。测定的变量之间没有明确的函数关系时，可以通过下列方法建立数学方程式。

（1）将所得的实验数据进行归纳整理、根据变量的数据变化规律进行绘图。

（2）将所绘曲线的形状与已知的方程曲线作比较，判断曲线的类型，猜测方程应有的形式。

（3）用所得的方程拟合实验数据。

（4）用作图或是计算的方法检验方程和实验数据的符合程度。

（5）检验方程和实验数据的符合程度，并重复步骤（2）～（4）对方法进行修正，直至拟合效果达到要求。

值得注意的是，直线方程式是最简单直接的函数关系式，在一般情况下，尽量采用直线方程（线性方程）式的形式来表示变量之间的函数关系。一些常见和比较重要的曲线方程线性化的例子见表 1-5。

表 1-5 曲线方程线性化方程式

方程式	线性方程式	线性坐标轴
$y = a + bx^2$	$y = a + bx^2$	$y\text{-}x^2$
$y = a\lg x + b$	$y = a\lg x + b$	$y\text{-}\lg x$
$y = ab^x$	$\lg y = \lg a + x\lg b$	$\lg y\text{-}x$
$y = a\,e^{bx}$	$\lg y = \lg a + bx$	$\lg y\text{-}x$
$y = ax^b$	$\lg y = \lg a + b\lg x$	$\lg y\text{-}\lg x$
$y = \dfrac{a}{b+x}$	$\dfrac{1}{y} = \dfrac{b}{a} + \dfrac{1}{a}x$	$\dfrac{1}{y}\text{-}x$
$y = \dfrac{ax}{1+bx}$	$\dfrac{1}{y} = \dfrac{1}{ax} + \dfrac{b}{a}$	$\dfrac{1}{y}\text{-}\dfrac{1}{x}$

2. 方程式中常数的确定

方程式中常数的确定有图解法、平均值法和最小二乘法等。随着计算机的广泛使用，应用计算机处理实验数据已经是必然的趋势。对于实验数据的线性及非线性拟合等均可以采用 Excel 和 Origin 等软件来完成，软件的合理应用使实验数据处理变得简便高效，数据处理和图形的直观展示，使结果的表述变得更加准确。因此，应用 Excel 和 Origin 等软件处理数据并进行绘图是至关重要的。

第二章

基础实验

实验一 恒温槽的组成及其性能测试

一、实验目的

（1）了解恒温槽的构造及恒温原理，初步掌握其装配和调试的基本技术。

（2）绘制恒温槽灵敏度曲线。

（3）了解水银接点温度计、继电器等仪器的基本测量原理和使用方法。

二、实验原理

在很多物理化学实验中，由于待测的数据如折射率、黏度、电导、蒸气压、电动势、化学反应的速率常数等都与温度有关，因此，这些实验都要在恒温条件下进行。这就需要有各种恒温设备。通常用恒温槽来控制温度，维持恒温。

恒温控制可分为两类：一类是利用物质的相变点温度来获得恒温，但温度的选择受到很大限制；另一类是利用电子调节系统进行温度控制，此方法控温范围宽、可以任意调节设定温度。

恒温槽是实验工作中常用的一种以液体为介质的恒温装置，根据温度控制范围，可用以下液体介质：$-60.0 \sim 30.0$℃用乙醇或乙醇水溶液；$0.0 \sim 90.0$℃用水；$80.0 \sim 160.0$℃用甘油或甘油水溶液；$70.0 \sim 300.0$℃用液体石蜡、汽缸润滑油、硅油。

一般恒温槽的温度是相对稳定的，多少总会有一点波动，大约在± 0.1℃，稍加改进就可以达到± 0.01℃，要使恒温设备维持在高于室温的某一温度，就必须不断补充一定的热量，使由于散热等原因引起的热损失得到补偿。

恒温槽之所以能够恒温，主要是依靠恒温控制器控制恒温槽的热平衡。当恒温槽的热量由于对外散失而使其温度降低时，恒温槽控制器就驱使恒温槽中的加热器工作，待加热到所需要的温度时，它又会使其停止加热，使恒温槽的温度保持恒定。恒温槽的装置主要有：感温元件、控制元件、加热元件。感温元件将温度转化为电信号输送给控制元件，由控制元件发出指令让电加热器加热或停止加热。超级恒温槽的构造如图 2-1 所示。

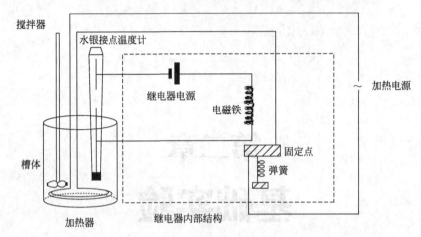

图 2-1　超级恒温槽构造

现将各主要部件简述如下：

1. 温度调节器

目前普遍使用的温度调节器是水银接点温度计（又称导电表），如图 2-2 所示。水银接点温度计的下半段是一支温度计，上半段是控制用的指示装置。温度计的毛细管内有一根金属丝和上半段的螺母相连。它的顶部放置一磁铁，当转动磁铁时，螺母即带动金属丝螺杆向上或向下移动。水银接点温度计的一个电极是可调电极金属丝，由上部伸入毛细管内。顶端有一磁铁，可以旋转螺旋杆，用以调节金属丝的高低位置，从而调节设定温度。另一个电极是固定与底部的水银球相连的接触丝，其与可调电极金属丝连出的两根导线接到继电器上。当温度升高时，毛细管中水银柱上升与金属丝接触，两电极导通，温度控制器接通，使继电器线圈中电流断开，加热器停止加热；当温度降低时，水银柱与金属丝断开，继电器线圈通过电流，使加热器线路接通，温度又回升。如此，不断反复，使恒温槽控制在一个微小的温度区间波动，被测体系的温度也就限制在一个相应的微小区间内，从而达到恒温的目的。

在水银接点温度计接触丝的上段有一块小金属标铁 6，它可和 7 同时升降，其后有一温度刻度表，

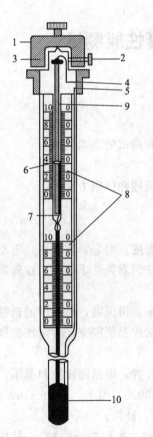

图 2-2　水银接点温度计构造图

1—调节帽；2—调节帽固定螺钉；3—铁钉；
4—螺旋杆引出线；5—水银槽引出线；6—标铁；
7—触针；8—刻度盘；9—螺丝杆；10—水银槽

由 6 的上沿位置可读出所需控制的大概温度值。温度恒定后，将 2 的螺钉固定，以免由于震动而影响温度的控制。

例如要控制温度在 30.0℃时，将螺母上沿调到 30.0℃处。当水银柱上升到 30.0℃时，恰与金属丝接触，加热器停止加热。但由于水银接点温度计的温度标尺刻度不够准确，需另用一支 1/10℃温度计来准确测量恒温槽的温度。

2. 温度控制器

温度控制器常由继电器和控制电路组成。由温度调节器来的信号经控制电路放大后推动继电器开关加热器。

3. 加热器

常用的是电加热器。加热器功率的大小是根据恒温槽的大小和需要温度的高低来选择的。一般容量为 20.0L，恒温在 293.0～303.0K 的浴槽，选用 200.0～300.0W 的加热器控温即可。

4. 温度计

恒温槽中常以一支 1/10℃的温度计测量恒温槽的温度。若为了测量恒温槽的精确度，则需要选用更精确灵敏的温度计，如热敏温度计、贝克曼温度计、精密数字温度温差仪等。本实验用精密数字温度温差仪测量恒温槽的温度。

5. 搅拌器

一般采用功率为 40.0W 的电动搅拌器，并用变速器调节搅拌速度，使槽内各处温度尽可能相同。

综上所述，恒温条件是通过一系列原件的动作来获得的，因此不可避免地存在着滞后现象，如温度传递、感温原件、继电器、加热器等的滞后。因此，装配时除对上述各元件的灵敏度有一定要求外，还应注意各元件在恒温槽中的布局是否合理。通常，恒温槽内温度波动越小，即各区域温度越均匀，恒温槽灵敏度越高。

水银接触点温度计型温度调节器的超级恒温槽已逐渐被数字型超级恒温水浴（槽）代替。数字型超级恒温槽是由智能化控制单元、不锈钢加热单元、无级调速搅拌（水浴为不锈钢内胆）等组成的一体化装置。仪器采用智能化控温，调速电机（水泵）作为循环动力，使仪器的控温精度（0.01 ℃）和均匀度都能达到更高的要求。同时具有体积小、使用方便等优点。图 2-3 为 HK-2A 型超级恒温槽的外形。

图 2-3　HK-2A 型超级恒温槽的外形

三、仪器与试剂

超级恒温水浴（槽）1台、水银接点温度计1支、玻璃恒温水浴（槽）1台、SWC-ⅡD 精密数字温度温差仪1台、秒表1支。

四、实验步骤

1. 安装仪器

装配恒温槽，接好线路。

2. 恒温槽的调试

玻璃缸中放入约 3/4 容积的蒸馏水，打开搅拌器（中速搅拌）、继电器，旋松接点温度计上端调节帽固定螺钉，旋转磁铁，把螺母调到设定值（通常高于室温 5.0～10.0℃），随即加热。开始可将加热电压调到 220.0V 左右，适当降低电压，并仔细观察精密数字温度温差仪，待槽温刚好达到设定值时，金属丝与水银处于通断的临界状态，这一状态可由继电器衔铁的合、离和指示灯的亮、灭来判断，拧紧接点温度计上端调节帽的固定螺钉。指示灯开始加热（红灯亮），由普通水银温度计观察水浴温度变化，若继电器绿灯亮，即停止加热，快速观察精密数字温度温差仪示值，若恰为所设定温度，则旋紧磁缸螺钉，即水浴温度调节好。

若干温度低于所需设定温度，旋转磁缸，使标铁上调（此时红灯亮，再次加热），当指示灯熄灭时为温度示值，一直到设定温度。

如果温度高于设定温度，将标铁下调，观察再次加热时的温度，直到达到设定温度。

3. 温度波动曲线的测定

恒温槽的温度恒定后，观察精密数字温度温差仪的数值，由秒表每隔 0.5min 记录一次精密数字温度温差仪的读数 T_1，测 10～15 组。

4. 结束实验

将各元件移出水面，排列整齐（搅拌器不动），捆好导线，分别放回原处。

五、数据记录与处理

（1）记录反应温度、大气压等常规物理量，不得用铅笔记录，不得用小纸片预先记录（以后每个实验都需要这样做，不再提示）。

（2）恒温槽实验数据记录：例表如表 2-1。

表 2-1　恒温槽实验数据

时间/min	0	0.5	1	1.5	2	2.5	3	3.5	4	4.5	5	5.5	6	6.5	7
温度/℃															
时间/min	7.5	8	8.5	9	9.5	10	10.5	11	11.5	12	12.5	13	13.5	14	14.5
温度/℃															

（3）以时间为横坐标、温度为纵坐标作图，分析实验结果。

（4）根据实验结果，讨论布局、加热器功率、搅拌情况等因素对恒温槽灵敏度的影响及原因。

六、思考题

（1）恒温槽的恒温原理是什么？其内部的各处温度是否相等，为什么？

（2）影响恒温槽的灵敏度有哪些因素？欲提高灵敏度，主要通过哪些途径？简要分析。

七、实验拓展

1. 影响恒温槽灵敏度的因素

（1）恒温介质流动性好、传热性能好，控温灵敏度就高；

（2）加热器功率要适宜，热容量要小，控温灵敏度就高；

（3）搅拌器搅拌速度要足够大，才能保证恒温槽内温度均匀；

（4）继电器电磁吸引电键，后者发生机械作用的时间愈短，断电时线圈中的铁芯剩磁愈小，控温灵敏度就高；

（5）电接点温度计热容小，对温度的变化敏感，则灵敏度高；

（6）环境温度与设定温度的差值越小，控温效果越好。

2. 恒温槽如何控温

恒温槽主要依靠恒温控制器来控制恒温槽的热平衡。当恒温槽的温度低于设定温度时，恒温控制器迫使加热器工作，当槽温升到设定温度时，控制器又使加热器停止工作。这样周而复始，就可以使恒温槽的温度在一定范围内保持恒定。

八、注意事项

（1）旋转调节帽时，速度宜慢。调节时应密切注意实际温度与所控温度的差别，以决定调节的速度。

（2）为使恒温槽温度恒定，将接点温度计调至某一位置时，拧紧调节帽固定螺钉。

（3）恒温槽中恒定温度以精密数字温度温差仪指示为准。

实验二 真空操作

真空是指气体压力低于大气压力的给定空间。真空度是气体稀薄程度的量度。真空度的单位与压强的单位一样，均为帕斯卡（Pascal），符号为 Pa。根据真空的获得和测量方法的不同，可将真空区域划分为：

粗真空　　　$1.013 \times 10^5 \sim 1.333 \times 10^3 \, Pa$

低真空　　　$1.333 \times 10^3 \sim 1.333 \times 10^{-1} \, Pa$

高真空　　　$1.333 \times 10^{-1} \sim 1.333 \times 10^{-6} \, Pa$

超高真空　$1.333\times10^{-6}\sim1.333\times10^{-10}$ Pa

极高真空　$<1.333\times10^{-10}$ Pa

一、真空的获得

为了获得真空，就必须设法将气体分子从容器中抽出。凡是能从容器中抽出气体，使气体压力降低的装置，均可称为真空泵，如水喷射泵、扩散泵、吸附泵、钛泵、冷凝泵等。机械泵和扩散泵都要用特种油作为工作介质，故而对实验对象有一定污染。机械泵的抽气速率很高，但只能产生低真空；扩散泵在使用时必须用机械泵作为前级泵，可获得高真空和超高真空；吸附泵和钛泵都属于无油泵类型，不存在油蒸气的污染问题，两者串级使用可获得超高真空。一般实验室用得最多的是水喷射泵、机械泵和扩散泵。

1. 水喷射泵

在实验室中减压蒸馏、抽滤操作等要求粗真空度，用水喷射泵可使操作系统达到这一要求。水喷射泵应用的是伯努利原理，水经过缩口喷嘴以高速喷出，其周围区域的压力较低，由系统中进入的气体分子便被高速喷出的水流带走。水喷射泵所能达到的最低压力（极限真空度）受水本身的蒸气压限制。

2. 机械泵

常用的机械泵是旋片式真空泵，图 2-4 示出这类泵的工作原理。旋片式真空泵由一个定子和一个偏心转子构成。定子为一个钢筒，两端用平板封闭。定子上有进气管和排气孔。定子里面的偏心转子为钢制实心圆柱，转子的径向槽中嵌有两块旋片 S 和 S'，靠弹簧的压力保证旋片整个端面始终和定子内壁保持良好的接触。转子以其中心轴作为转轴，转子的轴线与定子的轴线平行，转子在旋转时始终紧贴定子内壁的顶部，转子与定子的接触线处于进气管口和排气口之间，转子和定子之间的空间被转子和旋片分隔成三部分。当转子处在图 2-4(a) 的位置时，被抽气体由待抽空的容器经过管子 C 进入空间 A。当旋片 S 随转子转动而离开时 [图 2-4(b)]，空间 A 增大，气体经过 C 而被吸入。当转子继续转动时 [图 2-4(c)]，旋片 S' 将空间 A 与管 C 隔断，此后被抽气体被隔在 S 和 S' 两旋片之间，随转子一起转动，再后来又被压缩，直到压力大到可以打开排气阀，气体经排气管口 D 排出泵外 [图 2-4(d)]。转子不断转动使这些过程不断重复，从而达到抽气的目的。

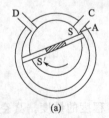 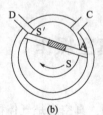 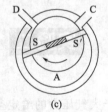 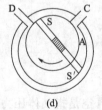

图 2-4　旋片式真空泵工作原理

旋片式真空泵的整个机件放置于盛油的箱中，箱中所盛的油是精制的真空泵油，这种油的蒸气压很低，它既起润滑作用，又可起冷却机件和密封填隙防止漏气的作用。

根据旋片式真空泵的构造和特征，使用时必须注意：旋片式真空泵（非气镇式）不能用来直接抽出易凝结气体（如水蒸气）、挥发性液体（如乙醚和苯）和腐蚀性气体（如氯化氢和氯气）等。若要应用于这些场合时，必须在泵的进气口前接吸收塔或冷阱。例如用氯化钙或五氧化二磷吸收水蒸气；用固体石蜡或液体石蜡吸收烃蒸气；用活性炭或硅胶吸收其他蒸气；用固体氢氧化钠吸收氯化氢和氯气。冷阱是用来冷却易凝结气体的装置。冷阱用的制冷剂有冰、干冰（−78.0℃）、三氯乙烯加干冰（−79.0℃）及液氮（−196.0℃）。使用时必须弄清与泵连接的电动机对电压的要求，对于三相电机还要注意启动时的运转方向。运转时电动机的温度不能超过规定温度（一般为65.0℃）。在正常运转时，不应有摩擦、金属撞击等异声。停止旋片式真空泵运转前，将泵与被抽系统隔断并通大气，以免泵油冲入系统。

3. 扩散泵

扩散泵是获得高真空的重要设备。扩散泵的工作原理（图2-5）是，当一种工作气体从喷口高速喷出时，在喷口处形成低压，对周围气体产生抽吸作用而将气体带走。这种工作气体在常温时都是液体，通过水冷却就能将它冷凝下来，在室温下具有极低的蒸气压力；沸点不能太高，用小功率电炉加热即能沸腾汽化。过去常用汞作为工作气体，相应的扩散泵称为汞扩散泵。因汞有毒，现在通常采用摩尔质量大的硅油，相应的扩散泵称为油扩散泵。

硅油被电炉加热沸腾，产生的硅油蒸气通过中心导管从顶部的二级喷口处喷出，在喷口处形成低压区，对周围气体起抽吸作用而将气体带走。硅油蒸气随即被冷凝成液体返回油扩散泵的底部，循环使用。被硅油蒸气夹带的气体在下部区域富集起来，随即被机械泵抽走。

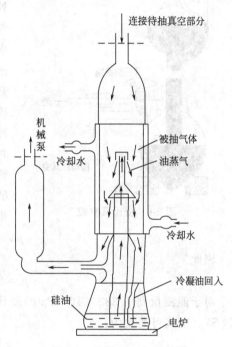

图2-5 扩散泵工作原理图

油扩散泵的缺点是不能独立工作，必须用机械泵作为前级泵，将其抽出的气体抽走。硅油易被空气氧化，所以在启动扩散泵前，必须用机械泵先将整个系统的压力抽至1.0Pa，接通冷却水后，才能通电加热硅油。停止油扩散泵工作时，先关加热电源，待油扩散泵冷却后，关闭冷却水进口，再关扩散泵进出口旋塞，最后关掉机械泵。

二、真空的测量

真空测量实际上就是测量低压气体的压力。测量低压气体压力的仪器通称为真空计。粗真空的测量一般用U形液柱压力计，低真空的测量可用数字式低真空测压仪（如DPC-2B、DPC-2C型数字式低真空测压仪）。对于较高真空度的系统使用真空规。真空规有绝对真空规和相对真空规两种：麦氏真空规称为绝对真空规，即可从直接测得的物理量计算出气体压力；热偶真空规和电离真空规称为相对真空规，测得的物理量需要经绝对真空规校准后才能指示出相应气压值。

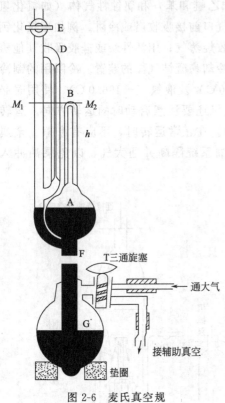

图 2-6 麦氏真空规

1. 麦氏真空规

麦氏真空规一般用硬质玻璃制成，其结构如图 2-6 所示。使用时首先打开通真空系统的旋塞 E，于是真空规中压力逐渐降低，与此同时，缓慢地将三通旋塞 T 开向辅助真空，不让汞槽中的汞上升，待稳定后，才可以开始测量压力。测量时将三通旋塞 T 缓缓通向大气，使空气缓慢进入汞槽 G（可接一毛细管，使进气缓慢）。汞槽中汞慢慢上升，当达到 F 处，玻泡 A 和闭口毛细管 B 中的气体（即待测低压气体）即和真空系统隔开。这时玻泡 A 和毛细管 B 中气体的压力与系统压力相等，设此压力为 p，玻泡 A 和毛细管 B 内气体的体积为 V。当汞面继续上升，A 和 B 中气体就受到压缩，体积不断减小，体积压缩前后压力与体积间的关系可近似地服从玻意耳定律。当开口毛细管 D 中汞面上升到 M_1M_2 线时，开口管 D 中汞面刚好与闭口管 B 顶端齐平，B 管中汞面在封闭端下面 h 处。此时，闭口管中气体的压力为 $p+h$，体积为 Sh（S 为毛细管 B 的截面积），按玻意耳定律可得：

$$pV = (p+h)Sh$$

因此

$$p = Sh^2/(V-Sh)$$

对于能测量到 1.333×10^{-4}Pa 的麦氏真空规来说，体积 V 应在 300.0mL 以上，这样 $V \gg Sh$，上式可简化为：

$$p = (S/V)h^2$$

式中，S、V 均为常数；测量高度 h，就可算出系统压力。一般麦氏真空规出厂时，就将测量压力的标尺附在规上，使用时可直接读出待测系统的压力。麦氏真空规的测量范围是 $10^{-4} \sim 10$Pa。

2. 热偶真空规

图 2-7 是热偶真空规构造图。热偶真空规由加热丝和热电偶组成，加热丝通电后温度升高，热电偶产生热电动势。当加热电流保持一定时，加热丝的平衡温度取决于周围气体的热导率，因而取决于气体压力，因此热电动势大小也取决于气体压力。热电动势与气体压力的关系一般用绝对真空规校准，得出热电动势-压力校准曲线。热偶真空规的测量范围为 $0.1 \sim 10.0$Pa。

3. 电离真空规

电离真空规实际上就是一个三极管，其结构如图 2-8 所示。当阴极（灯丝）通电加热至高温，便产生热电子发射，由于栅极上有一个比阴极正的电位，引起电子向栅极运动。这些电子在运动中将碰撞规管内部的气体分子，使气体分子电离产生带正电的离子和电子。正离子被收集极吸引而形成离子流，所形成的离子流与电离规管中气体的压力成正比：

$$I_+ = SI_e p$$
$$p = (1/S)(I_+/I_e)$$

式中，p 为待测系统压力；S 为规管灵敏度；I_e 为阴极发射电流；I_+ 为离子流。

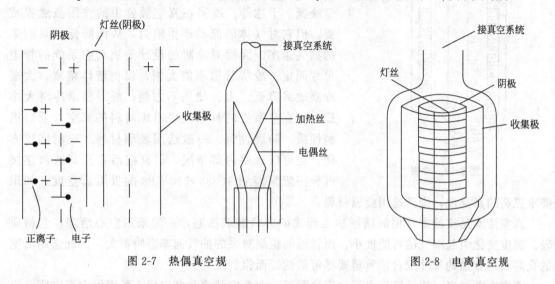

图 2-7 热偶真空规   图 2-8 电离真空规

由于 S 和 I_e 为恒定参数，所以只要测出 I_+ 就可测出 p 值。电离真空规只有在待测系统的真空度低于 0.1333Pa 时才能使用，其测量范围在 $0.1333 \sim 1.333 \times 10^{-8}$Pa。

三、真空装置

1. 真空系统

由于科学研究对象不同，所需真空系统的设计也各不相同，但大体上由三部分构成，即真空的获得、真空的测量、真空的使用。

图 2-9 为真空系统的方块示意图。根据实验所要求的真空度和抽气时间，选择机械泵、管道和真空材料。如果要求极限真空度在 0.1333Pa，一般选用性能较好的机械泵或吸附泵。如要求极限真空度在 0.1333Pa 以下，则需以机械泵为前级泵，扩散泵为次级泵联合使用。

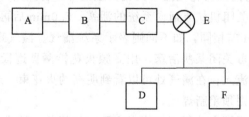

图 2-9 真空系统示意图

A—机械泵；B—扩散泵；C—冷阱；D—真空室；E—活塞；F—测量系统

冷阱是气体通道中的冷却装置，主要使可凝蒸气通过冷阱冷却为液体，以免水汽、有机蒸气、汞蒸气等进入机械泵影响泵的工作性能。同时也是为了获得真空度，防止蒸气扩散返

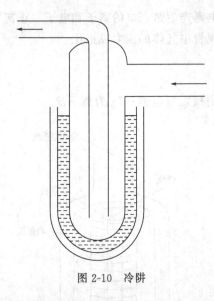

图 2-10 冷阱

回真空系统,以便把泵向真空系统扩散的蒸气冷凝下来。一般在扩散泵与被抽空系统之间、扩散泵和机械泵之间各装一冷阱。

冷阱的种类很多,最常用的一种冷阱如图 2-10 所示。冷阱的外部是装有冷冻剂的杜瓦瓶,一般冷冻剂是液氮、干冰等。冷阱在真空装置中的作用虽然很重要,但它对气体的流动产生阻力,从而降低了真空泵的抽气速率。因而对冷阱的设计要视真空系统的管道尺寸而定。冷阱管道不能太细,以免液体堵塞,太短冷凝效果降低,太长使用不方便,所以要求冷阱大小适中。真空系统的材料主要考虑材料的真空性质、机械性质、防腐性等。一般选用玻璃材料,吹制比较方便,且可以观察内部情况,但真空活塞及其磨口连接部分一般只能到 1.333×10^{-4} Pa 的极限真空度。如果要求更高的真空度,则要选用金属材料。

真空活塞是实验室常用的精细加工而成的磨口玻璃活塞,一般采用空心活塞,它材质轻。温度变化引起漏气的可能性小,而管道的粗细对泵的抽气速率影响很大,因此选用活塞的孔芯要与管道的尺寸配合,管道要尽可能地短而粗。

真空涂敷材料。为了转动灵活、避免漏气,在真空活塞和磨口接头处需涂上真空脂。涂时要注意均匀,看上去透明无丝状物。真空泥用来涂补玻璃管道的小沙眼和小缝隙。真空蜡用来胶合不能吻合的接头,如玻璃和金属接头。

真空脂、真空泥、真空蜡在室温下都具有较小的蒸气压。国产真空脂按使用温度不同,分为1号、2号、3号真空脂等。从国外进口的阿皮松系列,如阿皮松 L、阿皮松 T 等,相当于真空脂;阿皮松 Q 相当于真空泥;阿皮松 W、阿皮松 W-40 相当于真空蜡。

2. 真空检漏

真空系统的检漏与排漏是一项十分麻烦的工作。检漏的方法较多,如火花法、氦质谱仪法、荧光法,分别用于检测不同漏气情况。

实验室常用高频火花检漏器。使用方法如下:首先启动机械泵,数分钟后可将系统抽至 $13.33 \sim 1.333$ Pa,然后将高频火花检漏器火花调至正常,将探头对准真空系统的玻璃移动,可以看到红色辉光放电。关闭机械泵通向系统的活塞,5.0min 后再用高额火花检漏器检查,其放电现象是否与 5.0min 前相同,如不同则表示系统漏气。漏气现象一般易发生在玻璃接合处、弯头和活塞。此时可关闭某些活塞,用高频火花检漏器逐段检查,如发现某处漏气,再行检查。因为气流不断流入,在漏气处可以看到明亮的火花束。若漏气处为小沙眼,可用真空泥涂封;较大漏洞,则须重新焊接。

高频检漏火花器对不同压力的低压气体产生不同的颜色。随着压力降低,其辉光颜色由浓紫、淡紫、红、蓝过渡到玻璃荧光。当看到玻璃壁呈淡蓝色荧光,系统没有辉光放电,表明体系压力低于 0.1333 Pa。这时可用热偶规和电离规测定系统压力。使用高频火花检漏器时,放电簧不能指向人,也不能指向金属,在某处停留时间也不宜过长,以免烧坏玻璃。

3. 真空操作注意事项

（1）真空系统装置比较复杂。在设计时应尽可能少用活塞，减少不必要的接头。

（2）在实验前必须熟悉各部件的操作。注意各活塞的转向，最好在活塞上用标记表明活塞的转向。

（3）真空系统真空度越高，玻璃器壁承受的大气压力越大。对于大的玻璃容器都存在爆炸危险，因此对较大的玻璃真空容器最好加网罩。由于球形容器受力均匀，故应尽可能使用球形容器。

（4）如果液态空气进入油扩散泵中，会引起热的油爆炸，因此系统压力减到 133.3 Pa 前不要用液氮冷阱，否则液氮将使空气液化。

（5）使用机械泵、扩散泵时需严格按照泵的操作注意事项操作。

（6）开启、关闭真空活塞时必须两手操作，一手握住活塞套，一手缓慢旋转内塞，防止玻璃系统因某些部位受力不均匀而断裂。

（7）实验过程中和实验结束时，不要使大气猛烈冲入系统，也不要使系统中压力不平衡的部分突然接通，否则有可能造成局部压力突变，导致系统破裂或爆炸。

实验三 凝固点降低法测摩尔质量

一、实验目的

（1）掌握凝固点降低法测定物质摩尔质量的原理。
（2）掌握溶液凝固点的测定技术。
（3）通过实验加深对稀溶液依数性的理解。

二、实验原理

1. 凝固点降低法测定物质摩尔质量的原理

若溶质与溶剂不生成固溶体，则其稀溶液的凝固点降低值 ΔT_f 与溶质的质量摩尔浓度 b_B 成正比。即：

$$\Delta T_f = T_f^* - T_f = K_f b_B \tag{2-1}$$

式中，T_f^* 为纯溶剂的凝固点；T_f 为稀溶液的凝固点；K_f 为溶剂的凝固点降低常数，其数值仅与溶剂的性质有关，可从有关手册查得。

若取一定量的溶质 $m_B(g)$ 和溶剂 $m_A(g)$，配成稀溶液，则此溶液的质量摩尔浓度为

$$b_B = 1000 m_B / (M_B m_A) \tag{2-2}$$

式中，M_B 为溶质的摩尔质量，g/mol。将式（2-2）代入式（2-1），整理得：

$$M_B = 1000 K_f m_B / (\Delta T_f m_A) \tag{2-3}$$

通过实验准确测定了 T_f^* 和 T_f 得出 ΔT_f，再从有关手册查出 K_f 即可由式（2-3）计算溶质的 M_B。

2. 凝固点测量原理

液体的凝固点即固液平衡共存的温度。通常测量液体凝固点的方法是将液体逐渐冷却至析出固体，测量冷却过程的温度以确定凝固点。

纯溶剂冷却时，若无过冷现象，其温度随时间变化的冷却曲线如图 2-11 曲线 1。但实际的冷却过程很难避免形成过冷液体，通过搅拌或加入晶种能促使溶剂结晶，由结晶放出的凝固热会使体系温度回升，当放热与散热达到平衡时，温度不再改变，其冷却过程如曲线 2 所示。平台段（自由度 $f=1-2+1=0$）温度即 T_f^*。

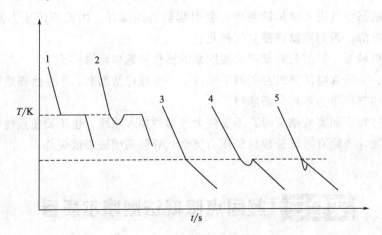

图 2-11　纯溶剂与溶液的冷却曲线

溶液的冷却曲线形状与溶剂不同。对于纯溶剂固液两相共存时，冷却曲线出现水平线段。对于溶液，过冷溶剂凝固时放出的凝固热，使温度回升，但回升到最高点又开始下降（$f=2-2+1=1$），这是由于溶剂析出后，剩余溶液浓度变大、凝固点降低，所以冷却曲线不出现水平线段，而如图 2-11 中的曲线 3 或 4 或 5。显然回升的最高温度不是原浓度溶液的凝固点，严格的做法应作冷却曲线，并按图中所示用外推法加以校正。但如果溶液过冷程度不大，析出固体溶剂的量很少，对原始溶液浓度影响不大，则以过冷凝固回升的最高温度作为溶液的凝固点。

三、仪器与试剂

SWC-LG 凝固点测定仪 1 套、SWC-Ⅱ$_D$ 精密数字温度温差仪 1 台、普通温度计 1 支、250mL 烧杯 1 个、称量瓶 1 个、25mL 移液管 1 支、药匙 2 把、分析天平 1 台、压片机 1 台。

环己烷（AR）、萘（AR）。

四、实验步骤

1. 调节寒剂温度

取适量冰和水在冰槽中混合，使寒剂温度控制在比被测系统凝固点约低 $2.0 \sim 3.0$℃。实验过程中用外搅拌器不断搅拌并适时补充碎冰，使寒剂温度保持稳定。

2. 安装仪器

按图 2-12 安装实验仪器，并将传感器接入对应编号的 SWC-Ⅱ_D 精密数字温度温差仪后盖板上的传感器接口处（槽口对准），再将 220.0V 电源接入后盖板上的电源插座。

3. 测纯溶剂凝固点

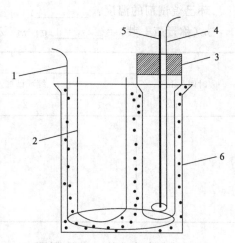

图 2-12 凝固点降低法测摩尔质量
实验装置示意图
1—外搅拌器；2—空气套管；3—凝固点管；
4—内搅拌器；5—传感器；6—冰槽

装液：用移液管向清洁、干燥的凝固点管下段加入 25.0mL 环己烷，并记下环己烷的温度。用已安装了 SWC-Ⅱ_D 精密温度温差仪测温探棒和搅拌器的塞子塞紧管口（注意：探棒头应距离管底 0.5cm 左右，探棒不与管壁、搅拌器相碰，但要保持探棒浸入溶剂中 3.0cm 以上）。打开 SWC-Ⅱ_D 精密温度温差仪前面板上的电源开关，窗口显示温度、温差。按面板上的 △ 和 ▽ 键，设置定时报时时间为 30.0s，窗口倒计数报时。

初测凝固点：将盛有环己烷的凝固点管直接插入寒剂中，上下移动内搅拌器平稳搅拌（大约每秒 1 次），冷却至温度显示数字不变，即为初测凝固点。

精测凝固点：取出寒剂中的凝固点管，擦干管外寒剂，用手温热，使管中固体全部熔化后放入早已置于寒剂里的空气套管中冷却（有助于消除溶液冷却过快造成的误差），上下移动内搅拌器平稳搅拌，观察样品管的降温过程，冷却至比近似凝固点略高 1.0℃ 左右时，每隔 30.0s 记录一次温度，当温度降到最低后，又开始回升，回升到一定程度后温度基本保持不变或有微小波动，再继续记录温度 5min 左右停止实验。此回升的最高温度即为环己烷的凝固点。

取出凝固点管，用手温热，使管中固体全部熔化后再放入空气套管中重复上述降温步骤。三次测得的凝固点不得相差 0.01℃。

4. 测溶液凝固点

取出凝固点管，如前将管中环己烷熔化。用分析天平精确称取萘约 0.15g（以使溶液凝固点降低 0.5℃ 左右为宜），将萘加入凝固点管中，待全部溶解后，按测定纯溶剂凝固点的方法测出此溶液的凝固点（包括初测和精测）。

5. 结束实验

测量完毕后，先关闭仪表开关，再断开电源，拆卸连接的仪器，洗净样品管，弃除冰槽中的冰水，擦干搅拌器，将各仪器归位，清洁整理实验台。

五、数据记录与处理

（1）实验数据记录如下：

室温：_____；大气压力：_____；

环己烷试剂的温度：_____；

m（称量瓶＋萘）＝_____ g；m（称量瓶）＝_____ g。

时间/min	温度/℃					
	纯环己烷			含萘溶液		
	1	2	3	1	2	3

（2）画出步冷曲线，获取凝固点。

（3）数据处理结果列于下表：

物质	纯溶剂环己烷			含萘溶液		
凝固点 测量值/℃	1	2	3	1	2	3
凝固点 平均值/℃						
ΔT_f/℃	$\Delta T_f = T_f^* - T_f =$					
环己烷密度/(g/mL)	$\rho = 0.7971 - 0.8879 \times 10^{-3} t / ℃$ $=$					
物质的质量/g	m（环己烷）＝					
	m（萘）＝m（称量瓶＋萘）－m（称量瓶） $=$					
$M_萘$/(g/mol)	$M_萘 = 1000 K_f m_B / (\Delta T_f m_A)$ $=$					
相对误差	（实测值－理论值）×100%/理论值 $=$					

（4）常用溶剂的 K_f 值见表 2-2。

表 2-2　常用溶剂的 K_f 值

溶剂	T_f^* /K	K_f
水	273.150	1.853
苯	278.683	5.120
萘	353.44	6.940
环己烷	279.690	20.000
樟脑	451.900	37.700
环己醇	279.694	39.300

六、思考题

(1) 当溶质在溶液中有离解或缔合情况发生时，对摩尔质量的测定值有何影响？

(2) 实验中温度为什么会回升？在什么情况下看到温度回升现象？

(3) 本实验中使用空气套管的作用是什么？

(4) 根据什么原则考虑加入溶质的量？太多或太少影响如何？

七、注意事项

(1) 寒剂温度对实验结果有很大影响，过高会导致冷却太慢，过低则凝固热抵偿不了散热，此时温度不能回升到凝固点，在低于凝固点时就已完全凝固，故无法得正确的凝固点。因此，应控制好寒剂的温度。

(2) 搅拌速度的控制也是做好本实验的关键，每次测定应按要求的速度搅拌，并且测溶剂与溶液凝固点时搅拌条件要相近。

(3) 在测量过程中，析出的固体越少，溶液的浓度变化越小，测得溶液的凝固点越准确。若过冷太甚，溶剂凝固太多，溶液的浓度变化太大，则使凝固点的测量值偏低。可通过加速搅拌、控制寒剂温度、加入晶种等控制过冷。

实验四　中和热的测定

一、实验目的

(1) 掌握中和热的概念及测定方法，了解测定量热计热容的几种方法。

(2) 掌握"量热法"测定中和热，理解其原理。

(3) 学习用图解法进行数据处理以求得正确 ΔT 的方法。

(4) 测定盐酸、乙酸与氢氧化钠反应的中和热。

二、实验原理

在一定的温度、压力和浓度下，$1.0\,mol\ H^+$ 和 $1.0\,mol\ OH^-$ 反应所放出的热量称为摩尔中和热。对于强酸和强碱在水溶液中几乎完全电离，中和反应的实质是溶液中的氢离子和氢氧根离子反应生成水，这类中和反应的中和热与酸的阴离子和碱的阳离子无关。热化学方程式可用离子方程式表示为：

$$H^+ + OH^- \Longrightarrow H_2O \qquad \Delta H = -57.540\,kJ/mol\ (25.0℃)$$

$1.0\,mol$ 一元强酸和 $1.0\,mol$ 一元强碱溶液混合时所产生的热效应即为摩尔中和热（严格地讲，应为无限稀释的溶液），它不随酸碱种类而改变。

当然也可以用二元或三元的强酸或碱。

若所用溶液相当浓，则所测得的中和热数值较高。这是由于溶液相当浓时，离子间相互作用力及其他因素影响的结果。若所用的酸（或碱）只是部分电离的弱酸（或弱碱），当其与强碱（或强酸）发生中和反应时，其热效应是中和热和解离热的代数和，因为在中和反应之前，首先弱酸要进行解离。例如，乙酸与氢氧化钠的反应如下：

$$HAc \rightleftharpoons H^+ + Ac^- \qquad \Delta H_{解离}$$

$$H^+ + OH^- \rightleftharpoons H_2O \qquad \Delta H_{中和}$$

总反应：
$$HAc + OH^- \rightleftharpoons H_2O + Ac^- \qquad \Delta H$$

根据盖斯定律，有：

$$\Delta H = \Delta H_{解离} + \Delta H_{中和}$$

所以
$$\Delta H_{解离} = \Delta H - \Delta H_{中和}$$

实验需标定量热计的热容，常用确定量热计热容的方法有三种：

1. 电热标定法

对量热计及一定量的水在一定的电流、电压下通电一定时间，使量热计升高一定温度，根据供给的电能及量热计温度升高值，计算量热计的热容 K。

2. 化学标定法

使已知热效应的反应过程在量热计中发生，根据量热计的温度升高值，来计算量热计的热容 K。例如，在量热计（保温瓶）中，先用已知溶解热的物质（例如 KNO_3，溶解热 $\Delta H = 35.8 kJ/mol$），测出此量热计的常数 K（即量热计每升高 1℃所需热量），再配制一定浓度的酸碱溶液，倒入量热计中和，测定其温度的变化，就可算出摩尔中和热。测定各种强酸强碱中和时的摩尔中和热，再求平均值。

设取 KNO_3 的量为 $m(g)$，加入量热计完全溶解后，温度变化为 ΔT，则量热计常数为

$$K = \frac{m(-\Delta H)}{M \Delta T} \tag{2-4}$$

式中，ΔH 为 KNO_3 的摩尔溶解热；M 为 KNO_3 的摩尔质量。

若取一元强酸、强碱浓度均为 $c(mol/L)$，体积均为 $V(L)$，设在相同条件下，量热计升温为 $\Delta T'$，则摩尔中和热为

$$\Delta H_{中和} = \frac{K \Delta T'}{cV} \tag{2-5}$$

3. 混合平衡法

向一定量的水中加入一定量的冰水混合物达到温度平衡，由热量平衡关系计算量热计的热容 K。

本实验是采用电热标定法定量量热计的热容。

在杜瓦瓶中盛以一定的水，搅拌，相隔一定时间测温度，温度变化后，在一定的电流、电压下通电一定时间，使量热计升高一定温度，根据供给的电能（IUt）及量热计温度升高值（ΔT），由下式计算量热计的热容 K：

$$K = Q/\Delta T = IUt/\Delta T$$

三、仪器与试剂

WLS-2 数字恒流电源（0.01A 和 0.01V 分辨率）1 台、SWC-II_D 精密数字温度温差仪（0.001℃分辨率）1 台、量热计（包括杜瓦瓶、电热丝、储液管、磁力搅拌器）1 台、量筒

（500.0mL）1 个、吸量管（25.0mL）3 根。

　　HCl 溶液（1.0mol/L）、HAc 溶液（1.0mol/L）、NaOH 溶液（1.0mol/L）。

四、实验步骤

1. 量热计常数 K 的测定

　　量热计装置如图 2-13 所示。

　　（1）用布擦净量热杯，量取 500.0mL 蒸馏水注入其中，放入搅拌磁珠，调节适当的转速。

　　（2）将 O 形圈（调节传感器插入深度）套入传感器并将传感器插入量热杯中（不要与加热丝相碰），将功率输入线两端接在电热丝接头上。按"状态转换"键切换到测试状态（测试指示灯亮），调节"加热功率"调节旋钮，使其输出为所需功率（一般为 2.5W），再次按"状态转换"键切换到待机状态，并取下加热丝两端任一夹子。

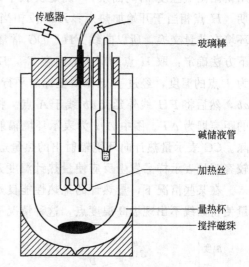

图 2-13　量热计装置

　　（3）待温度基本稳定后，按"状态转换"键切换到测试状态，仪器对温差自动采零，设定"定时"30.0s，蜂鸣器响记录一次温差值，即 30.0s 记录 1 次。

　　（4）当记下第十个读数时，夹上取下的加热丝一端的夹子，此时为加热的开始时刻。连续记录温差和计时，根据温度变化大小可调整读数的间隔，但必须连续计时。

　　（5）待温度升高 0.8～1.0℃时，取下加热丝一端的夹子，并记录通电时间 t。继续搅拌，每间隔 1min 记录一次温差，测 10 个点为止。

　　（6）用作图法求出由于通电而引起的温度变化 ΔT_1（用雷诺校正法确定，见五、数据处理部分）。

2. 中和热的测定

　　（1）将量热杯中的水倒掉，用干布擦净，重新用量筒取 400.0mL 蒸馏水注入其中，然后加入 50.0mL 1.0mol/L 的 HCl 溶液。再取 50.0mL 1.0mol/L 的 NaOH 溶液注入碱储液管中，仔细检查是否漏液。

　　（2）适当调节磁珠的转速，每分钟记录一次温差，记录 10.0min。

　　（3）然后迅速拔出玻璃棒，加入碱溶液（不要用力过猛，以免相互碰撞而损坏仪器）。继续每隔 1min 记录一次温差（注意整个过程时间是连续记录的，如温度上升很快可改为 30.0s 记录一次温差）。

　　（4）加入碱溶液后，温度上升，待体系中温差几乎不变并维持一段时间即可停止测量。

　　（5）用作图法确定 ΔT_2（用雷诺校正法确定，见五、数据处理部分）。

3. 乙酸解离热的测定

　　用 1.0mol/L 的乙酸溶液代替 HCl 溶液，重复上述操作，求得 ΔT_3。

五、数据记录与处理

1. 雷诺校正

尽管在仪器上进行了各种改进，但在实验过程中仍不可避免环境与体系间的热量传递。用雷诺图（温度-时间曲线），确定实验中的 ΔT。如图 2-14 所示，图中 FH 段表示实验前期，H 点相当于开始加热点；HD 段相当于反应期；DG 段则为后期。由于量热计与周围环境有热量交换，所以曲线 FH、DG 常常发生倾斜，在实验所测量的温度变化值 ΔT 按如下方法确定：取 H 点所对应的温度 T_1，D 点所对应的温度为 T_2，其平均温度 $(T_1+T_2)/2$ 为 J 点的温度，经过 J 点作横坐标的平行线与曲线 $FHDG$ 相交于一点，并过该交点作垂线 ab，然后将 FH 线外延交 ab 线于 A 点。将 GD 线外延，交 ab 线于 C 点。则 A、C 两点间的距离即为 ΔT。图中 AA' 为表示环境辐射进来的热量所造成的温度升高，这部分应予以扣除。CC' 表示量热计向环境辐射出的热量造成的温度降低，这部分应予以补偿。因此 AC 可较客观地表示样品发生反应使量热计温度升高的数值。

在某些情况下，量热计的绝热性能良好，热漏很小，而搅拌器的功率较大，不断引进能量使得曲线不出现极高温度点，这种情况下的 ΔT 如图 2-15，校正方法相似。

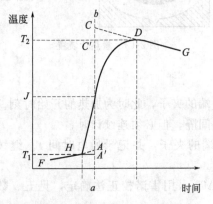

图 2-14　绝热较差时的雷诺校正

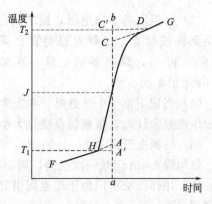

图 2-15　绝热良好时的雷诺校正

2. 数据记录

将数据填入下表。

加入量热计中的物质	温度变化 ΔT
500.0mL 蒸馏水	
NaOH＋HCl	
NaOH＋HAc	

3. 数据处理

(1) 将作图法求得的 ΔT_1、电流强度 I 和通电时间 t 代入下式中，计算量热计常数 K。

$$K = IUt/\Delta T_1$$

（2）将量热计常数 K 及作图法求得的 ΔT_2、ΔT_3 分别代入下式（式中 $c=1.0\text{mol/L}$，$V=50.0\text{mL}$），计算出 $\Delta H_{中和}$ 和 ΔH_{m}。

$$\Delta H_{中和}=-K\Delta T_2/(cV)\times 1000$$

$$\Delta H_{\text{m}}=-K\Delta T_3/(cV)\times 1000$$

（3）将 $\Delta H_{中和}$ 和 ΔH_{m} 代入下式中，计算出乙酸摩尔解离热 $\Delta H_{解离}$。

$$\Delta H=\Delta H_{解离}+\Delta H_{中和}$$

$$\Delta H_{解离}=\Delta H-\Delta H_{中和}$$

（4）将中和热的实验值与文献值比较求实验值的相对误差（此误差一般小于 $3\%\sim 5\%$）。强酸强碱中和热文献值用下式表示：

$$\Delta H_{中和}(\text{J/mol})=-57110+209.2(t/℃-25.0)$$

六、思考题

（1）如果采用硫酸代替盐酸，实验步骤应怎样改变？

（2）上述实验步骤中，NaOH、KOH 都略有过量，为什么要这样？

七、注意事项

（1）在三次测量过程中，应尽量保持测定条件的一致。如水和酸碱溶液体积的量取，搅拌速度的控制，初始状态的水温等。

（2）实验所用的 1.0mol/L 的 NaOH、HCl 和 HAc 溶液应准确配制，必要时可进行标定。

（3）实验所求的 $\Delta H_{中和}$ 和 ΔH_{m} 均为 1mol 的中和热，因此当 HCl 和 HAc 溶液浓度非常准确时，NaOH 溶液可稍微过量，以保证酸完全被中和。反之，当 NaOH 溶液浓度准确时，酸可稍稍过量。

（4）在电加热测定温差 ΔT_1 的过程中，要经常查看功率是否保持恒定，此外，若温度上升较快，可改为 30s 记录一次。

（5）在测定中和反应时，当加入碱液后，温度上升很快，要读取温差上升所达的最高点，若温度是一直上升而不下降，应记录上升缓慢的开始温度和时间，只有这样才能保证作图法求得 ΔT 的准确性。

实验五　完全互溶双液系气-液相图的绘制

一、实验目的

（1）绘制常压下乙醇-环己烷的沸点-组成图。

（2）掌握测定双组分液体的沸点及正常沸点的方法。

（3）掌握阿贝折射仪的使用方法，并用折射率确定二元液体组成的方法。

二、实验原理

1. 绘制气-液相图

常温下，由两液态物质混合而成的体系称为双液系。两液体若能以任意比例相互溶解，则称为完全互溶双液系。本实验欲绘制完全互溶双液系（环己烷-乙醇）的气-液平衡相图。

完全互溶双液系在恒定压力下的气-液平衡相图可分为三类。

第一类：溶液与拉乌尔定律的偏差不大，在 p-$x(y)$ 图和 T-$x(y)$ 图上，溶液的蒸气压和沸点介于 A、B 两纯组分蒸气压及沸点之间，如图 2-16 所示（甲苯-苯等体系）。

第二类：实际溶液对拉乌尔定律产生较大正偏差，在 T-$x(y)$ 图上有最低恒沸点出现。如图 2-17（a）所示（环己烷-乙醇等体系）。

第三类：实际溶液对拉乌尔定律产生较大负偏差，在 T-$x(y)$ 图上有最高恒沸点出现。如图 2-17（b）所示（HCl-H_2O 等体系）。

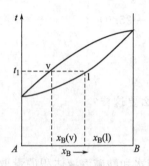

图 2-16 完全互溶体系的一种蒸馏相图

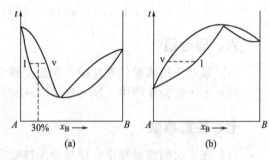

图 2-17 完全互溶双液的另两种类型相图

外界压力不同，同一双液系的相图也不尽相同，其恒沸点和恒沸混合物的组成与外压有关。

当溶液的蒸气压等于外压时，溶液沸腾，这时的温度称为沸点。把沸点对相应的液相和气相的组成（x 和 y）作图得 T-$x(y)$ 图，称沸点-组成图。

欲绘制完全双液系的 T-$x(y)$ 图，需在恒压下同时测定溶液的沸点及与其相应的气-液两相的平衡组成。本实验采用回流冷凝法测绘乙醇-环己烷体系的沸点-组成图。即在一定外压（大气压）下，采用沸点仪测定一系列不同组成溶液的沸点，用阿贝折射仪（见附录三）测定与各沸点相应的气-液两相的折射率，再从折射率-组成标准（工作）曲线上查得相应的气相（y）和液相（x）的组成；以沸点 T 为纵坐标、x 为横坐标，描点连线得 T-x 液相线；以沸点 T 为纵坐标、y 为横坐标，描点连线得 T-y 气相线。把 T-x 曲线和 T-y 曲线画在同一张图上即得沸点-组成图。

2. 沸点仪的构造及沸点测定

沸点仪的设计虽各有异，但其设计思想都集中在如何便于正确地测定沸点和气-液相的组成，以及防止过热和避免分馏等方面。图 2-18 为厂家配套的沸点仪，由于连接冷凝管和圆底烧瓶之间的连接管过长，无法避免因分馏现象对气相的平衡组成的影响，使得气相样品的组成与气-液平衡时的组成产生偏差。

为了消除沸点仪中蒸气的分馏作用对气相的平衡组成的影响，减小取得的气相样品组成与气-液平衡时的组成的偏差，经改进后的沸点仪（如图 2-19 所示）可以减少气相的分馏作用。这是一套带有回流冷凝管的双液系沸点仪，包括磨口三颈烧瓶、冷凝内置气相凝聚管式、取样品装置。为了防止分馏，该沸点仪将自制的带磨口冷凝内置式气相凝聚管直接嵌入三颈烧瓶内，气相凝聚管进口处有冷凝管，下端为半球式凹槽，用于收集冷凝下来的气相样

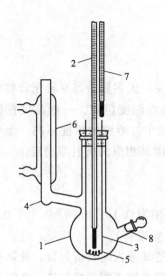

图 2-18 厂家配备沸点仪

1—盛液容器；2—测量温度计；3—小玻管；

4—小球；5—电热丝；6—冷凝管；

7—温度计；8—支管

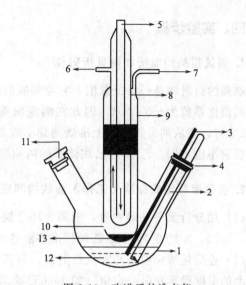

图 2-19 改进后的沸点仪

1—磨口三颈烧瓶；2—电热丝；3—温度感应器；4—橡皮塞；

5—进水管；6—出水口；7—压力平衡口；8—冷凝管；

9—气相凝聚管；10—气相入口；11—加料及气相取液口；

12—待测二组分液相；13—气相冷凝液

品，气相样品通过侧边取样口抽取。两个侧边的磨口一个为加料口及液相取液口，另一个用于插入温度传感器及用导管连接的电加热丝。电加热丝直接浸入溶液中加热，以免通电加热时引起有机液体燃烧。温度传感器安装时须注意使感温部分（大约离顶端 0.5~1.5cm）一半浸在液面下，一半露在蒸气中，溶液沸腾时，在气泡的带动下，使气液不断喷向热电偶的感温部分，这样测得的温度能较好地代表气液两相的平衡温度。平衡时的蒸气凝聚在气相凝聚管半球式凹槽内。由于冷凝系统与三颈烧瓶之间是磨口连接，所以取气相冷凝液非常方便——断电并把冷凝系统提起来，用滴管从半球式凹槽里取用。仪器安装时使气相凝聚管的气相取样口背向加热丝，保证烧瓶中的溶液不会溅入半球式凹槽内。实验过程中，为了加速达到体系的平衡，可将半球式凹槽内最初冷凝的液体倾回到烧瓶中。

改进后的双液系沸点仪获得了以下有益效果：

（1）气相凝聚管位于二组分液相上方 1.0~2.0cm 处，有效地避免了分馏作用的影响，使得气相组成更接近实际值，实验结果更加准确、可靠；

（2）冷凝装置直接嵌入三颈烧瓶内，气相冷凝液直接、迅速冷凝至半球式凹槽储液处，实验效果较佳；

（3）气相凝聚液通过气相入口进行取样，液相则通过三颈烧瓶侧边的磨口取样，取样方便快捷，实验速度大幅度提高。

三、仪器与试剂

双液系沸点仪 1 套（包括 SWJ 精密数字温度温差仪 1 台，WLS 系列可调式恒流电源 1 台），阿贝折射仪 1 台，超级恒温水浴 1 台，400.0mL、250.0mL、100.0mL 烧杯各 1 个，滴管各 2 支，洗耳球 1 个，擦镜纸。

无水乙醇（AR），环己烷（AR）。

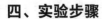

四、实验步骤

1. 调试超级恒温槽和阿贝折射仪

物质的折射率是一特征数值，它与物质的浓度及温度有关。大多数液态有机化合物的折射率的温度系数为－0.0004，因此在测定物质的折射率时要求温度恒定。一般温度控制在±0.2℃时，能从阿贝折射仪上准确测到小数点后 4 位有效数字。溶液的浓度不同、组成不同，折射率也不同。乙醇-环己烷体系的两相组成（y 和 x）由其相应的折射率确定。

2. 折射率与组成标准（工作）曲线的测定

（1）用分析天平准确称量，配制含环己烷的摩尔分数分别为 0.10、0.20、0.30、0.45、0.55、0.70、0.85 的环己烷-乙醇标准溶液各 50.0mL（实验室准备）。

（2）连接超级恒温槽与阿贝折射仪，调节恒温水温度并使其通入阿贝折射仪，使阿贝折射仪上的温度稳定在某一定值（如 25.0℃或 35.0℃），用蒸馏水校正阿贝折射仪，并测量上述标准溶液的折射率（n_D^{25}）。

（3）绘制某温度（如 25.0℃或 35.0℃）时环己烷-乙醇标准溶液的折射率-组成工作曲线。

3. 安装沸点仪

将烘干的沸点仪按图 2-18 安装好，注意塞紧带有热电偶和加热丝的橡皮塞，不要触及烧瓶底部，热电偶和加热丝之间要有一定的距离。

4. 测量乙醇溶液沸点

向沸点仪蒸馏瓶中加入适量乙醇溶液，注意电加热丝应全部浸没在溶液中，夹上电热丝夹，打开冷却水，插上电源，调节恒流电源，由零慢慢增加，观察加热丝上是否有小气泡逸出，电压控制在 15.0V 以内，使溶液慢慢沸腾。液体体系中的蒸气经冷凝管冷凝后，聚于气相凝聚管下端的半球式凹槽中。冷凝液不断地冲刷半球式凹槽，必要时可将半球式凹槽中的冷凝液倾入烧瓶中，观察精密数字温度温差仪读数稳定 5.0～7.0min，此时体系处于平衡状态，准确记下温度计读数（沸点），切断电源。

5. 测定乙醇溶液的折射率

观察阿贝折射仪上的温度是否正确，用丙酮棉球擦拭镜面，并吹干。用干燥的滴管自冷凝管中取出半球式凹槽内的气相冷凝液，滴于镜面上，迅速测其折射率 $[n_D^{25}$（气相）]；用另一支干燥滴管从沸点仪液相取液口取适量液相溶液，按同样方法测其折射率 $[n_D^{25}$（液相）]。每个样品测量 2～3 次，取读数的平均值。最后，将溶液倒入指定的储液瓶。

6. 系列乙醇-环己烷溶液以及环己烷的测定

按步骤 3、4 逐一分别测定各乙醇-环己烷溶液，分别得到不同组成时的气相、液相的折射率及各自的沸点。如操作正确，系列溶液可回收供其他同学使用；测定后沸点仪也不必干燥。最后测环己烷，测环己烷前，必须将沸点仪洗净并充分干燥。

7. 数据处理

由以上测得的气相、液相样品的折射率，分别从工作曲线上查找出其对应的组成。

在实验过程中，可观察到由乙醇-环己烷体系气相、液相的折射率将向着降低或升高的方向移动，起初气-液两相折射率的读数相差较小，差值慢慢增加，又慢慢减小，直至相等。表示此时已达到最低恒沸点组成，此组成为最低恒沸点混合物。

用所测实验原始数据绘制沸点-组成草图，与文献值比较后决定是否有必要重新测定某些数据。

8. 结束实验

实验结束时，先让老师审查实验结果，然后再拆除实验装置，做好卫生，方可离开实验室。

五、数据记录与处理

室温：_____℃；大气压：_____（实验前）_____（实验后）

沸点、折射率记录：

（1）在折射率与组成工作曲线上把气相、液相的折射率转换成摩尔分数。

（2）对于乙醇、环己烷两个纯样品的沸点，根据克劳修斯-克拉贝龙方程和特鲁顿规则进行计算，并与实验测量沸点值进行比较。

克劳修斯-克拉贝龙方程如下：

$$\ln \frac{p_2}{p_1} = \frac{\Delta_{vap} H_m}{R} \times \frac{T_2 - T_1}{T_1 T_2}$$

特鲁顿规则：$\Delta_{vap} H_m^{\ominus} = 88 T_b$

（3）以沸点 T 为纵坐标，x、y 为横坐标作图。

（4）把气相点、液相点连接成平滑的曲线，并顺延交于一点，此点为最低恒沸点。

六、思考题

（1）平衡时，气-液两相温度是否应该一样，实际是否一样，对测量有何影响？

（2）在测量时如有过热和分馏现象，测得的相图图形将会产生怎样的变化？

（3）如何判断气-液已达到平衡状态？讨论此溶液蒸馏时的分离情况。

七、注意事项

（1）加热电阻丝一定要被待测液体浸没，否则通电加热时可能会引起有机液体燃烧；所加电压不能太大，加热丝上有小气泡逸出即可；热电偶不要直接碰到加热丝。

（2）一定要使体系达到气-液平衡，即温度读数要稳定，然后再取样；先停止通电再取样。

（3）注意保护阿贝折射仪的棱镜，不能用硬物（如滴管）触及，擦拭棱镜需用擦镜纸。

实验六 燃烧热的测定——恒容量热法

一、实验目的

(1) 掌握燃烧热的定义，了解恒压燃烧热与恒容燃烧热的差别及相互关系。

(2) 熟悉量热计中主要部件的原理和作用，掌握氧弹量热计的实验技术。

(3) 用氧弹量热计测定苯甲酸和萘的燃烧热。

(4) 学会用雷诺作图法校正温度改变值。

二、实验预习内容及要求

(1) 明确燃烧热的定义，了解测定燃烧热的意义。

(2) 了解氧弹量热计的原理和使用。熟悉温差测定仪的使用。

(3) 明确所测定的温差为什么要进行雷诺图校正。

(4) 了解氧气钢瓶的使用及注意事项。

三、实验原理

1. 燃烧与量热

燃烧热的定义是：1.0mol 纯物质完全燃烧时所放出的热量。所谓完全燃烧，即组成反应物的各元素，在经过燃烧反应后，必须呈现本元素稳定的最高化合价。如 C 经燃烧反应后，变成 CO 不能认为是完全燃烧，只有在变成 CO_2 时，方可认为是完全燃烧。

在恒容条件下测得的燃烧热为恒容燃烧热（Q_V），恒容燃烧热等于这个过程的内能变化（ΔU）；在恒压条件下测得的燃烧热称为恒压燃烧热（Q_p），恒压燃烧热等于这个过程的热焓变化（ΔH）。若把参加反应的气体和反应生成的气体作为理想气体处理，则存在下列关系式：

$$Q_p = Q_V + \Delta nRT \tag{2-6}$$

式中　Δn——生成物和反应物气体的物质的量之差；

　　　R——摩尔气体常数；

　　　T——反应前后的绝对温度（可取反应前后的平均值计算 Q_p）。

若测得某物质恒容燃烧热或恒压燃烧热中的任何一个，就可根据式(2-6)计算另一个数据。须指出，化学反应的热效应（包括燃烧热）通常是用恒压热效应（ΔH）来表示的。

2. 氧弹量热计

量热计的种类很多，本实验所用氧弹量热计是一种环境恒温式的量热计。

氧弹量热计的基本原理是能量守恒定律。在盛有定量水的容器中，放入内装一定量的样品和氧气的密闭氧弹，然后使样品完全燃烧，放出的热量传递给水和仪器，引起温度上升。测量介质在燃烧时温度的变化值，就可以求算前后样品的恒容燃烧热。其关系式如下：

$$-\frac{W_2}{M}Q_V - lQ_l = (W_{\text{水}} C_{\text{水}} + C_{\text{计}})\Delta T \qquad (2\text{-}7)$$

式中，W_2 和 M 分别为样品的质量和摩尔质量；Q_V 为样品的恒容燃烧热；l 和 Q_l 是 Cu-Ni 合金丝的长度和单位长度燃烧热；$W_{\text{水}}$ 和 $C_{\text{水}}$ 是以水作为测量介质时，水的质量和比热容；$C_{\text{计}}$ 为量热计的水当量，即除水之外，量热计升高 $1.0℃$ 所需的热量；ΔT 为样品燃烧前后水温的变化值。

3. 仪器原理及介绍

对物质燃烧热的测定通常是采用氧弹燃烧量热测定方法，即将待测物质（主要为苯甲酸或萘等）压制呈片状样品，放入氧弹坩埚内，然后将一根引燃丝中段螺旋部紧贴在样品表面，两端固定在两电极上，旋紧氧弹盖，用万用电表检查两电极是否通路；若通路，则可充氧气，然后将氧弹放置到环境恒温式氧弹量热计筒中，测量样品燃烧所产生的热量。

在实验过程中，引燃丝与不锈钢坩埚接触导致短路是实验失败的主要原因之一。导致引燃丝与不锈钢坩埚进行接触的情况主要包括以下几种：第一种，常用的坩埚为较深的不锈钢坩埚，并且待燃烧物质如苯甲酸、萘的密度较大，压制后的样品片较薄，需要将引燃丝放入不锈钢坩埚底部才能保证中间螺线管发热段与样品表面紧密接触，但此时引燃丝悬垂部分很容易与不锈钢坩埚接触，特别是氧弹盖与氧弹体在拧紧、移动、充排氧气、置于量热计内水桶等一系列操作过程中，引燃丝悬垂部分容易发生位移而与坩埚壁接触从而导致短路；第二种，在实验过程中，为了避免引燃丝悬垂部分碰到不锈钢坩埚，经常使用辅助工具（如镊子等）将其进行拉伸、弯曲，但由于不锈钢坩埚小，操作空间限制，很容易造成引燃丝扭结，从而引起自身短路，或是引燃丝局部受损，导致其在受损处提前烧断而不能引燃；第三种，因固定在电极上的引燃丝的硬度和质量均较小，则在充氧气时通常会因为高压氧气的充入将引燃丝吹动移位，进而碰到不锈钢坩埚或电极引起短路，短路后会引起通过引燃丝的电流分流，引燃丝没短路部分的电流较大会燃烧，而短路部分的电流因分流变小从而不能燃烧。另外，引燃丝的安装出现误差问题，引燃丝和样品片之间能否达到最佳接触面积也是该实验是否成功的关键因素。

针对上述问题，可用三个实用新型专利来解决，分别为：燃烧热实验压片装置、燃烧热实验装置、燃烧热实验载料组合装置。

燃烧热实验压片装置见图 2-20，该装置包括一个底台，底台上安装有支架，支架的顶部安装有能够在竖直方向上进行升降的旋转压杆，而在支架上还安装有置物管，置物管位于旋转压杆的底部正下方，并且置物管的内部底端放置有圆盘状的垫片，其中，垫片的上表面具有一段凸出的长条形，且其侧面为弧形凸条。由此，配合置物管共同压制加工形成带有凹槽的样品，使引燃丝螺线管部刚好镶嵌在凹槽中，保证了引燃丝与样品和氧气之间达到最佳接触，避免了后续实验步

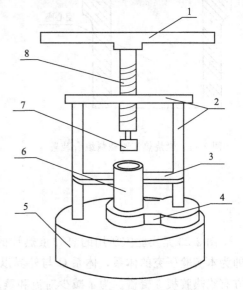

图 2-20　燃烧热实验压片装置
1—把手；2，3—定位板；4—活动平台；
5—底台；6—置物管；7—压头；8—旋转压杆

骤如充氧、连线等因需要搬动氧弹而出现引燃丝在样品表面错位、引燃丝脱离样品等各种隐患和不足，保证了实验能够顺利进行。

　　燃烧热实验载料组合装置见图 2-21，该装置包括一个燃烧皿和一个待测样品片，其中，燃烧皿由耐火泥或紫陶泥烧制，其下部为一个底座，上部则为一个实心座，实心座的顶部设有样品槽，待测样品片能够放置于样品槽内；而待测样品片呈圆盘状，并且其上表面具有一段凹槽。燃烧热实验载料组合装置通过使用耐火泥制作燃烧皿以及使用具有凸条的垫片制作带槽的待测样品片，从而使引燃丝能够与待测样品片保持稳定接触，且耐火泥或紫陶泥制作的燃烧皿不是导体，消除了现有不锈钢燃烧皿易与引燃丝接触而短路的缺陷，从而保证了实验的成功率。

　　燃烧热实验装置见图 2-22，该装置包括圆筒、第一电极、第二电极和两根点火连线，第一电极和第二电极的下部之间通过一根引燃丝连接，第一电极的上部侧面设有一个贯通的第一插孔，第一电极和第二电极均从侧面安装有一个带有螺母的螺栓，而引燃丝的末端分别安装在各电极及其上的螺母之间。由此，燃烧热实验装置通过在第一电极的上部设置第一电极插孔，可以将第一点火连线的第一自张紧接触式插头直接插入固定，能够方便和稳定地进行点火工作；并通过在第一、第二电极上设置螺栓和螺母，制成固定引燃丝的螺栓紧固螺母自锁紧装置，以方便高效地对引燃丝进行稳定安装，从而提高了燃烧热实验的效率和成功率。

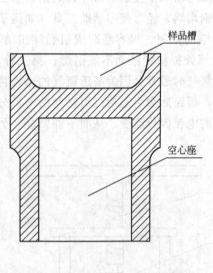

图 2-21　燃烧热实验载料组合装置

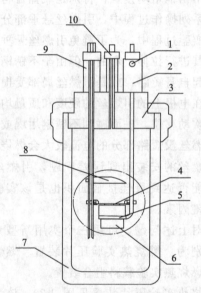

图 2-22　燃烧热实验装置

1—第一电极插孔；2—绝缘套；3—弹盖；4—待测样品片；

5—环形架；6—燃烧皿；7—圆筒；8—遮板；

9—第二电极插孔；10—排气管

　　图 2-23 是实验室所用的氧弹量热计的整体装配图，内筒 C 以内的部分为仪器的主体，即为本实验研究的体系，体系 C 与外界以空气隔热层 B 绝热，下方有绝缘的垫片架起，上方有绝热胶板 5 覆盖。为了减少对流和蒸发，减少热辐射及控制环境温度恒定，体系外围包有温度与体系相近的水套 A。为了使体系温度很快达到均匀，还装有搅拌器 2，由电动机 6 带动。为了准确测量温度的变化，通过精密的温差测定仪来实现。实验中把温差测定仪的热

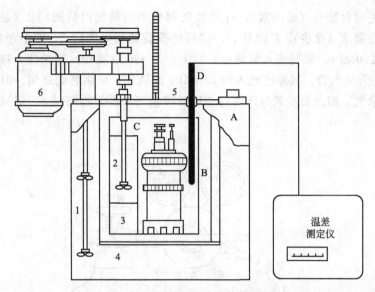

图 2-23 氧弹量热计整体装配图

1—外筒搅拌器；2—内筒搅拌器；3—稳流搅拌室；4—外筒；5—绝热胶板；6—电动机；

A—水套；B—空气隔热层；C—内筒；D—精密数字温度温差仪传感器

敏探头插入研究体系内，便可直接准确读出反应过程中每一时刻体系温度的相对值。样品燃烧的点火由一拨动开关接入一可调变压器来实现，设定电压在 24.0V 进行点火燃烧。

四、仪器与试剂

氧弹量热计 1 套、压片机 1 台、温差测定仪 1 台、调压变压器 2 个、拨动开关 1 只、氧气钢瓶（需大于 80.0kg 压力或 8.0MPa）、氧气减压器 1 个、万用表 1 个、充氧导管 1 个、引燃铁丝若干、扳手 1 把、容量瓶（1000.0mL 1 只、2000.0mL 1 只）。

苯甲酸（AR）、萘（AR）。

五、实验步骤

1. 量热计水当量的测定（求 $C_{计}$）

（1）样品压片：压片前先检查压片用钢模是否干净，否则应进行清洗并使其干燥，用台秤称 0.6g 苯甲酸，在压片机上压成圆片。样品压得太紧，点火时不易全部燃烧；压得太松，样品容易脱落。用干净滤纸接住样品，用镊子将样品在干净称量纸上轻击二三次，除去脱落的粉末，将样品置于称量瓶中，在分析天平上用减量法准确称量后供燃烧使用。

（2）装样和充氧：拧开氧弹盖，将氧弹内壁擦干净，螺旋部分特别是电极下端的不锈钢接线柱更应擦干净。在氧弹中加 1.0mL 蒸馏水。

用直尺准确量取长度为 20.0cm 左右的细 Ni-Cr 合金丝一根，在直径约为 2.0～3.0mm 的铁棒上，将其中段绕成约 15～20 圈螺旋圈，即制成引燃丝。将引燃丝螺旋部分紧贴在样品表面，两端小心地绑牢于氧弹中两根电极（见图 2-22 燃烧热实验装置 1 与 9）上。用万用表检查两电极间电阻值，一般应不大于 20.0Ω。

旋紧氧弹盖，用万用电表检查两电极是否通路。若通路，则旋紧出气管后即可充氧气。按图 2-24 所示，连接氧气钢瓶和氧气表，并将氧气表头的导管与氧弹的进气管接通，此时减压阀门 2 应逆时针旋松（即关紧），打开氧气钢瓶上端氧气出口阀门 1（总阀）观察表 1 的指示是否符合要求（至少在 4.0MPa），然后缓缓旋紧减压阀门 2（即渐渐打开），使表 2 指针指在表压 2.0MPa，氧气充入氧弹中。1.0～2.0min 后旋松（即关闭）减压阀门 2，关闭阀门 1，再松开导气管，氧弹已充入约 2.0MPa 的氧气，可供燃烧之用。但是阀门 2 至阀门 1 之间尚有余气，因此要旋紧减压阀门 2 以放掉余气，再旋松阀门 2，使钢瓶和氧气表头复原。

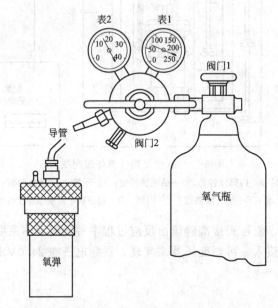

图 2-24　氧弹充气示意图

2. 燃烧和测量温差

按图 2-23 将氧弹及内筒、搅拌器、热电偶装配好。

（1）用容量瓶准确量取已被调节到低于室温 1.0℃的自来水 3000.0mL 于盛水桶内。

（2）将氧弹放入水桶中央，装好电动机，把氧弹两电极用导线与点火器连接，细心安装数字温差测量仪，并将测温探头插入内套测温口中。

（3）开动电动马达，待温度稳定上升后，每隔 1min 读取一次温度。

（4）10.0～15.0min 后，按下点火器上的电键通电点火。若点火器上的指示灯亮后立即熄灭，且温度迅速上升，表示氧弹内样品已燃烧；若亮后不熄，表示引燃丝没有烧断，应立即加大电流引燃；若指示灯根本不亮或是加大电流也不熄灭，而且温度也未迅速上升，则需打开氧弹检查原因。

（5）自按下电键后，读数改为 15.0s 记一次，直至两次读数差值小于 0.005℃，读数间隔恢复为 1.0min 一次，继续 15.0min 方可停止实验。

（6）小心取出氧弹，打开出气口放气。旋开氧弹盖，检查样品燃烧是否完全。氧弹中应没有明显的燃烧残渣。若发现黑色残渣，则应重做实验。测量燃烧后剩下的引燃丝长度以计算引燃丝实际燃烧长度。

（7）最后擦干氧弹和盛水桶。

样品点燃和燃烧完全与否，是本实验最重要的一步。

3. 萘恒容燃烧热的测定

称取 0.4g 的萘，按上述操作步骤，压片、称重、燃烧等实验操作重复一次。测量萘的恒容燃烧热 Q_V，并根据公式(2-6)计算 Q_p，并与手册作比较，计算实验的相对误差。

六、数据记录与处理

1. 数据记录

室温：＿＿＿＿＿＿＿℃；实验温度：＿＿＿＿＿＿℃

苯甲酸重：＿＿＿＿＿ g；Ni-Cr 合金丝密度：＿＿＿＿＿ g/cm³

Ni-Cr 合金丝长（或质量）：＿＿＿＿＿ cm

剩余 Ni-Cr 合金丝长（或质量）：＿＿＿＿＿ cm

萘的质量：＿＿＿＿ g

2. 数据处理

由实验记录的时间和相应的温度读数作苯甲酸和萘的雷诺温度校正图，准确求出二者的 ΔT，由此计算 $C_{\text{计}}$ 和萘的燃烧热 Q_V，并计算恒压燃烧热 Q_p。

3. 讨论

根据所用的仪器的精度，正确表示测量结果，计算绝对误差，并讨论实验结果的可靠性。

4. 文献值

苯甲酸的燃烧热为 -3226.9 kJ/mol（表 2-3）；引燃铁丝燃烧热为 -2.9 J/cm。

表 2-3 苯甲酸和萘恒压燃烧热的文献值

物质名称	恒压燃烧热		测定条件
	kJ/mol	J/g	
苯甲酸	-3226.9	-26410	p，20℃
萘	-5153.8	-40205	p，20℃

七、用雷诺作图法校正 ΔT

尽管在仪器上进行了各种改进，但在实验过程中仍不可避免环境与体系间的热量传递。这种传递使得我们不能准确地在温差测定仪上读出由于燃烧反应所引起的温升 ΔT。而用雷诺作图法进行温度校正，能较好地解决这一问题。

具体方法为：称取适量待测物质，估计其燃烧后可使水温上升 1.5～2.0℃。预先调节水温低于室温 1.0℃ 左右。按操作步骤进行测定，将燃烧前后观察所得一系列水温和时间关系作图，得一曲线。

将燃烧前后所观察到的水温对时间作图，可连成 $FHIDG$ 折线，如图 2-25 和图 2-26 所示。图 2-25 中 H 相当于开始燃烧点，D 为观察到的最高温度。在温度为室温处作平行于时

间轴的 JI 线，它交折线 $FHIDG$ 于 I 点。过 I 点作垂直于时间轴的 ab 线。然后将 FH 线外延交 ab 线于 A 点。将 GD 线外延，交 ab 线于 C 点。则 AC 两点间的距离即为 ΔT。图中 AA' 为开始燃烧到温度升至室温这一段时间 Δt_1 内，由环境辐射进来以及搅拌所引进的能量而造成量热计的温度升高。它应予以扣除。CC' 为温度由室温升高到最高点 D 这一段时间 Δt_2 内，量热计向环境辐射而造成本身温度的降低；它应予以补偿。因此 AC 可较客观地反映出燃烧反应所引起量热计的温升。在某些情况下，量热计的绝热性能良好，热漏很小，而搅拌器的功率较大，不断引进能量使得曲线不出现极高温度点，如图 2-26，校正方法相似。

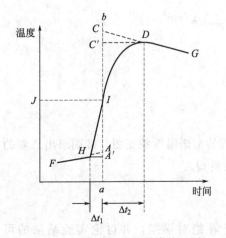

图 2-25　绝热较差时的雷诺校正图

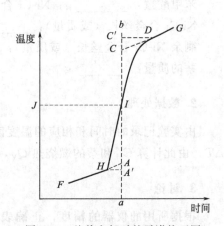

图 2-26　绝热良好时的雷诺校正图

八、思考题

（1）说明恒容热效应（Q_V）和恒压热效应（Q_p）的相互关系。

（2）在这个实验中，哪些是体系，哪些是环境？实验过程中有无热损耗？这些热损耗对实验结果有何影响？

（3）加入内筒中水的温度为什么要选择比外筒水温低？低多少合适？为什么？

（4）实验中，哪些因素容易造成误差？如果要提高实验的准确度应从哪几方面考虑？

九、注意事项

（1）压片时注意压片的紧实度。

（2）引火丝与样品接触要良好，且不能与坩埚等相碰，坩埚支架不应与另一电极接触。

（3）氧弹充完氧气后一定要检查是否漏气，并用万用表检查是否通路。

（4）氧弹充氧的操作过程中，人应该站在侧面，避免弹盖或阀门向上冲出。

（5）测量水当量和测量萘的燃烧热，一切实验条件必须完全一样。

（6）实验失败重新再做时，应把氧弹从水桶中提出，缓缓旋开氧弹上盖的放气阀，使其内部的氧气彻底排清，擦干氧弹才能重新再做。

（7）"点火"要果断，按点火电键的时间不得超过 2.0s，长时间通电点火会引入热量。

（8）为避免腐蚀，实验结束必须将氧弹清理干净。

实验七 旋光法测定蔗糖转化反应的速率常数

一、实验目的

(1) 测定蔗糖转化反应的速率常数和半衰期。

(2) 了解反应的反应物浓度与旋光度之间的关系。

(3) 了解旋光仪的基本原理，掌握旋光仪的正确使用方法。

二、实验预习内容及要求

(1) 熟悉用旋光法测定蔗糖转化反应的实验原理。

(2) 预习速率常数和半衰期的理论知识。

(3) 预习旋光仪的原理和使用方法。

三、实验原理

蔗糖的水解反应是基元反应，其反应式如下：

$$C_{12}H_{22}O_{11}（蔗糖）+H_2O \longrightarrow C_6H_{12}O_6（葡萄糖）+C_6H_{12}O_6（果糖）$$

设 $t=0$ 时　　　　　c_0　　　　$c_水$　　　　0　　　　　　　0

　　$t=t$ 时　　　　　c　　　　$c_水$　　　c_0-c　　　　c_0-c

　　$t=\infty$ 时　　　　0　　　　$c_水$　　　c_0　　　　　c_0

在纯水中此反应速率极慢，通常需要在 H^+ 催化作用下进行。由于反应时水是大量的，可近似地认为整个反应过程中水的浓度是恒定的，而且 H^+ 是催化剂，其浓度也保持不变，因此蔗糖的水解反应为准一级反应。其速率方程表示如下：

$$-dc/dt = k_2 c_水 c = k_1 c \tag{2-8}$$

其中，$c_水$、c 分别为 t 时刻水和蔗糖的浓度；k_2、k_1 分别为二级和一级反应的速率常数。将式(2-8) 移项积分可得

$$\ln c = -k_1 t + \ln c_0 \tag{2-9}$$

c_0 为蔗糖的起始浓度。从式(2-9) 不难看出，在不同时刻测定蔗糖的相应浓度，并以 $\ln c$ 对 t 作图，可得一直线，由直线的斜率可求得反应速率常数 k_1。然而反应是不间断地进行的，要快速准确地分析出反应进行到不同时刻的蔗糖浓度是困难的。但由于蔗糖及其水解产物葡萄糖和果糖，都具有旋光性，而且它们的旋光度与其浓度有关，故可以利用体系在反应过程中旋光度的变化来度量反应的进程以及旋光物浓度的变化。

测量物质旋光度的仪器称为旋光仪。溶液的旋光度与溶液中所含旋光物质的旋光能力、溶剂的性质、溶液浓度、样品管长度、入射光波长及温度等因素有关系。当其他条件固定时，某旋光物 B 的旋光度 α_B 与该旋光物浓度 c_B 呈线性关系，即

$$\alpha_B = \beta_B c_B \tag{2-10}$$

式中，比例常数 β_B 与 B 物质旋光能力、溶剂性质、样品管长度、温度、入射光波长等有关。

物质的旋光能力用比旋光度来衡量，比旋光度用下式表示：

$$[\alpha]_D^t = \frac{\alpha}{cl} \tag{2-11}$$

式中，$[\alpha]_D^t$ 右上角的 "t" 表示温度，D 是指钠灯光源 D 线（波长 589.0nm）；α 为旋光度；l 为样品管长度，dm；c 为浓度，g/L。

本实验中作为反应物的蔗糖是右旋性物质，其比旋光度 $[\alpha]_D^{20} = +66.6°$；生成物葡萄糖也是右旋性物质，其比旋光度 $[\alpha]_D^{20} = +52.5°$，果糖是左旋性物质，其比旋光度 $[\alpha]_D^{20} = -91.9°$。因等量生成物中果糖的左旋度比葡萄糖的右旋度大，故随着反应的进行，$c_{蔗糖}$ 不断减小，$c_{葡萄糖}$、$c_{果糖}$ 不断等量增加，于是体系的右旋角不断减小，反应至某一瞬间，体系的旋光度可恰好等于零，而后就变成左旋，直至蔗糖完全转化为等量葡萄糖和果糖，这时左旋角达到最大值 α_∞。

设 α_0、α_t、α_∞ 和 c_0、c_t、c_∞ 分别为反应刚开始时、进行到 t 时刻时、反应完全时的旋光度和蔗糖浓度，则

$$\alpha_0 = \beta_{蔗糖} c_0 \tag{2-12}$$

$$\alpha_t = \beta_{蔗糖} c + (\beta_{葡萄糖} + \beta_{果糖})(c_0 - c) \tag{2-13}$$

$$\alpha_\infty = (\beta_{葡萄糖} + \beta_{果糖})c_0 \tag{2-14}$$

由式(2-13) 和式(2-14) 联立求解得

$$c = (\alpha_t - \alpha_\infty)/(\beta_{蔗糖} - \beta_{葡萄糖} - \beta_{果糖}) \tag{2-15}$$

将式(2-15) 代入式(2-9) 得

$$\ln(\alpha_t - \alpha_\infty) = -k_1 t + E \tag{2-16}$$

其中 $E = \ln c_0(\beta_{蔗糖} - \beta_{葡萄糖} - \beta_{果糖})$

显然，以 $\ln(\alpha_t - \alpha_\infty)$ 对 t 作图可得一直线，从直线的斜率可求得反应速率常数 k_1。再由 $t_{1/2} = \ln2/k_1$ 即可求出半衰期。

四、仪器与试剂

旋光仪 1 台、台秤 1 台、水浴锅 1 台、容量瓶（50.0mL）1 个、带塞锥形瓶（150.0mL）2 个、秒表 1 块、移液管（25.0mL、50.0mL）各 2 支、旋光管（有条件带上恒温水外套）、烧杯（100.0mL、500.0mL）各 1 个、吸水纸、擦镜纸适量。

HCl 溶液（3.00mol/L）、蔗糖（AR）。

五、实验步骤

1. 旋光仪预热

接通电源，开启开关，钠光灯亮，预热 15.0min。

2. 仪器零点校正

蒸馏水为非旋光物质，可用来校正旋光仪的零点（即 $\alpha = 0$ 时仪器对应的刻度）。校正时，先洗净旋光管，将管的一端加上盖子，并由另一端向管内灌满蒸馏水，使形成凸液面，然后盖上玻璃片并旋紧套盖（不能用力过猛，以免压碎玻璃片或产生应力，影响读数。此时管内最好无气泡，若有小气泡可赶至旋光管凸肚处，若有大气泡应重新装管）。用毛巾或吸水纸将管外的水擦干，再用擦镜纸将旋光管两端的玻璃片擦净，放入旋光仪光路中，调校仪

器的零点（方法见附录四）。

目前全部采用管子中间有加液口（带橡皮塞）的旋光管，省去了许多装样的麻烦事。

3. 配制溶液

用台秤称取 10.0g 蔗糖于 100.0mL 洁净烧杯中，用适量（约 30.0mL）蒸馏水溶解（若溶液混浊，则需要过滤），用 50.0mL 容量瓶定容到刻度并混合均匀。用 25.0mL 移液管吸取蔗糖溶液 25.0mL，注入预先清洁干燥的锥形瓶内。

4. 测量旋光度

（1）测 α_t：用一支 25.0mL 专用移液管吸取 25.0mL 3.00mol/L 的 HCl 溶液注入上述盛有蔗糖溶液的锥形瓶中，注入一半时记下反应开始时间。注入完全后迅速摇匀反应液，立即用少量反应液荡洗旋光管两次，然后将反应液装满旋光管，旋上套盖，放入已预先预热的旋光仪内，测量反应进行到不同时刻的旋光度。第一个数据尽量在离反应起始时间 5.0min 内进行测定，以后每隔 1.0min 测量一次，共 15 次。测量记录旋光度的过程中也记录反应温度。

（2）测 α_∞：将上一步锥形瓶内的剩余反应液置于 50.0～60.0℃ 的水浴内温热 40.0min，以加速反应进行完全。然后取出，冷至实验温度（室温）。倒出上述旋光管内未反应完全的反应液，用已反应完全的反应液荡洗旋光管 2～3 次，然后装满旋光管，旋上套盖，放进旋光仪内，在 10.0min 内，读取 3 个数据，如在测量误差范围内，取其平均值，即为 α_∞。

5. 结束实验

实验结束后，关闭旋光仪，拔掉电源插头。立即洗净旋光管以及用过的玻璃仪器，清洁整理工作台，做好值日工作。

六、数据记录与处理

实验日期：＿＿＿＿＿＿＿＿＿；　仪器编号：＿＿＿＿＿＿＿＿＿

室温：＿＿＿＿＿＿＿＿＿；　大气压：＿＿＿＿＿＿＿＿＿

仪器零点：＿＿＿＿＿＿＿＿＿；　α_∞：＿＿＿＿＿＿＿＿＿＿

（1）将反应过程中所测得的旋光度 α_t 和对应时间 t 记录于下表并计算出相应物理量（注意有效数字）。

t/min	$\alpha_t/(°)$	$(\alpha_t-\alpha_\infty)/(°)$	$\ln(\alpha_t-\alpha_\infty)$

（2）画出 $\ln(\alpha_t-\alpha_\infty)$-$t$ 图，并由直线的斜率求算反应速率常数 k_1 和半衰期 $t_{1/2}$。

七、思考题

（1）实验中，我们用蒸馏水来校正旋光仪的零点，试问在处理数据获得 k_1 的过程中，所测的旋光度 α_t 或 α_∞ 是否必须要扣除零点校正值？

（2）配制蔗糖溶液时称量不够准确，对测量结果是否有影响？

（3）在混合蔗糖溶液和盐酸溶液时，我们是将盐酸加到蔗糖溶液里，可否将蔗糖溶液加到盐酸溶液中？为什么？

八、注意事项

（1）温度对反应速率常数影响很大，所以严格控制反应温度是做好本实验的关键。由于本实验用的旋光仪无恒温装置，反应在室温下进行，而室温是有波动的，记录测量开始和结束的温度，取其平均值作为反应温度。

（2）采用 $50.0 \sim 60.0℃$ 恒温水浴加速反应进行完时，温度不能高于 $60.0℃$，否则会产生副反应，使反应液变黄影响测量结果。这是因为蔗糖是由葡萄糖的苷羟基与果糖的苷羟基缩合而成的二糖。在 H^+ 催化下，除了糖苷键断裂进行转化反应外，高温还有脱水反应，这就会影响测量结果。

实验八 最大泡压法测定溶液的表面张力

一、实验目的

（1）测定不同浓度乙醇水溶液的表面张力，计算表面吸附量和乙醇分子的横截面积。

（2）了解表面张力的性质、表面自由能的意义及表面张力和吸附的关系。

（3）掌握用最大泡压法测定表面张力的原理和技术。

二、实验预习内容及要求

（1）熟悉表面张力的理论基础。

（2）熟悉最大泡压法测定表面张力的实验步骤。

三、实验原理

1. 表面自由能

表面张力是液体的重要性质之一，它是因表面层分子受力不均衡所引起的。如液体与其蒸气构成的系统：液体内部的分子与周围分子间的作用力是球形对称的，可以彼此抵消，合力为零，而表面层分子处于力场不对称的环境中，液体内部分子对它的作用力远大于液面上蒸气分子对它的作用力，从而使它受到指向液体内部的拉力作用，故液体都有自动缩小表面积的趋势。从热力学观点来看，液体表面缩小是使系统总吉布斯函数（ΔG）减小的一个自发过程，如欲使液体产生新的表面 ΔA，就需对其做功（W'），其大小应与 ΔA 成正比：

$$\Delta G = W' = \gamma \Delta A \tag{2-17}$$

　　比例系数 γ 从能量的角度被称为比表面吉布斯函数，即为恒温恒压下形成 $1m^2$ 新表面所需的可逆功，其单位为 J/m^2。从物理学力的角度看，γ 可被理解为沿着表面，和表面相切、垂直作用于单位长度相界面线段上的表面紧缩力，即表面张力，其单位是 N/m。

2. 溶液的表面吸附

　　在定温下纯液体的表面张力为定值，当加入溶质形成溶液时，表面张力发生变化，其变化的大小决定于溶质的性质和加入量的多少。根据能量最低原则，溶质能降低溶剂的表面张力时，表面层溶质的浓度比溶液的内部大；反之，溶质使溶剂的表面张力升高时，表面层中的浓度比内部的浓度低。这种表面浓度与溶液内部浓度不同的现象叫做溶液的表面吸附。从热力学方法可知它们之间的关系遵守吉布斯吸附方程：

$$\Gamma = -\frac{c}{RT}\left(\frac{\partial \gamma}{\partial c}\right)_{T,p} \tag{2-18}$$

式中　Γ——表面吸附量，mol/m^2；

　　　γ——比表面吉布斯函数，J/m^2，或表面张力，N/m；

　　　T——热力学温度，K；

　　　c——吸附达到平衡时溶质的浓度，mol/dm^3；

　　　R——气体常数。

　　引起溶剂表面张力显著降低的物质叫表面活性物质，$\Gamma>0$，即产生正吸附的物质；反之称为表面惰性物质，$\Gamma<0$，即产生负吸附的物质。被吸附的表面活性物质分子在界面层中的排列，决定于它在液层中的浓度，这可由图 2-27 看出，（a）和（b）是不饱和层中分子的排列，（c）是饱和层分子的排列。

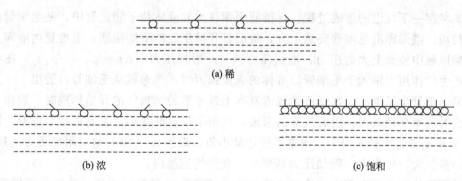

图 2-27　表面活性物质分子在水溶液表面上的排列情况示意图

　　当界面上被吸附分子的浓度增大时，它的排列方式在不断改变，最后，当浓度足够大时，被吸附分子盖住了所有界面的位置，形成饱和吸附层，分子排列方式如图 2-27 中（c）所示。这样的吸附层是单分子层，随着表面活性物质的分子在界面上愈益紧密排列，则此界面的表面张力也就逐渐减小。如果在恒温下绘成曲线 $\gamma=f(c)$（表面张力等温线），当 c 增加时，γ 在开始时显著下降，而后下降逐渐缓慢下来，以致 γ 的变化很小，这时 γ 的数值恒定为某一常数（见图 2-28）。利用此图求出其在一定浓度时曲线的切线斜率，代入吉布斯吸附方程就可求得表面吸附量。或者在曲线上某一浓度 c 点作切线与纵坐标交于 b 点，再从切点 a 作平行于横坐标的直线，交纵坐标于 b' 点，以 Z 表示切线和平行线在纵坐标上截距间的距离，故有：

$$\varGamma = \frac{c}{RT}\left(\frac{\mathrm{d}\gamma}{\mathrm{d}c}\right)_T \tag{2-19}$$

根据朗格缪尔（Langmuir）公式（单分子层吸附）：

$$\varGamma = \varGamma_\infty \frac{Kc}{1+Kc} \tag{2-20}$$

其中，$\varGamma_\infty$ 为饱和吸附量，即表面被吸附物铺满一层分子时的吸附量，整理可得：

$$\frac{c}{\varGamma} = \frac{c}{\varGamma_\infty} + \frac{1}{K\varGamma_\infty} \tag{2-21}$$

以 $c/\varGamma$ 对 c 作图，得一直线，该直线的斜率为 $1/\varGamma_\infty$，即可求得饱和吸附量。

由所求得的 $\varGamma_\infty$ 代入：

$$A = \frac{1}{\varGamma_\infty L} \tag{2-22}$$

图 2-28 表面张力与浓度的关系

可求被吸附分子的横截面积（L 为阿伏伽德罗常数）。

若已知溶质的密度 ρ，分子量 M，就可计算出吸附层厚度 δ：

$$\delta = \varGamma_\infty M / \rho \tag{2-23}$$

而测定溶液的表面张力有多种方法，如毛细管上升法、滴重法、拉环法等，而以最大气泡压力法（泡压法）较方便，应用较多。

3. 最大泡压法

先来考察一下气泡的形成过程：将待测表面张力的液体装于测定管中，使毛细管的端面与液面相切，液面即沿毛细管突然上升，缓缓打开减压瓶的下端活塞，毛细管内液面上受到一个比减压瓶中液面上大的压力，当此压力差——附加压力（$\Delta p = p_{大气} - p_{系统}$）在毛细管端面上产生的作用力稍大于毛细管口液体的表面张力时，气泡就从毛细管口脱出。

如果毛细管半径很小，则形成的气泡基本上是球形的。当气泡开始形成时，表面几乎是平的，这时曲率半径最大；随着气泡的形成，曲率半径逐渐变小，直到形成半球形，这时曲率半径 R 和毛细管半径 r 相等，曲率半径达最小值，根据式（2-24）这时附加压力达最大值。气泡进一步长大，R 变大，附加压力则变小，直到气泡逸出。

将被测液体装于测定管中，使玻璃管下端毛细管端面与液面相切，液面沿毛细管上升。打开抽气瓶的活塞缓缓放水抽气，则测定管中的压力 p 逐渐减小，毛细管中压力 p_0 就会将管中液面压至管口，并形成气泡，其曲率半径由大而小，直至恰好等于毛细管半径 r，根据拉普拉斯（Laplace）公式，这时能承受的最大压力差也最大：

$$\Delta p_{max} = \Delta p_r = p_0 - p_r \tag{2-24}$$

$$\Delta p = \frac{2\gamma}{R} \tag{2-25}$$

式中，Δp 为附加压力；γ 为表面张力；R 为气泡的曲率半径。

实际测量时，使毛细管端刚好与液面接触，则可忽略气泡鼓泡所需克服的静压力，这样就可直接用上式进行计算。

在实验中，如果使用同一支毛细管和压力计，则可以用已知表面张力的液体（如蒸馏水）为标准，分别测定标准物和待测物的最大附加压力，通过对比计算求未知液体的表面张力，其中 $\gamma_水/\Delta p_水$ 则被称为仪器常数：

$$\gamma_测 = \frac{\Delta p_测}{\Delta p_水}\gamma_水 \tag{2-26}$$

对于同一根毛细吸管分别测定具有不同表面张力（γ_1 和 γ_2）的溶液时，可得到下列关系：

$$\gamma_1 = r/2\Delta p_1 ;\quad \gamma_2 = r/2\Delta p_2 ;$$
$$\gamma_1/\gamma_2 = \Delta p_1/\Delta p_2$$
$$\gamma_1 = \gamma_2\Delta p_1/\Delta p_2 = K'\Delta p_1$$

K' 为仪器常数，可以用已知表面张力的物质测定。

根据此法所测得的表面张力，使用上面介绍的方法就可以求出所测物质在溶液中的饱和吸附量、被吸附分子的横截面积和吸附层厚度。

四、仪器与试剂

表面张力测定装置 1 套（毛细管使用实验室自行设计的装置）、阿贝折射仪 1 台、烧杯（200.0mL）1 只、超级恒温水浴（槽）1 套、容量瓶（50.0mL）8 个。

乙醇（分析纯）。

五、实验步骤

1. 仪器装置

表面张力测定装置见图 2-29。

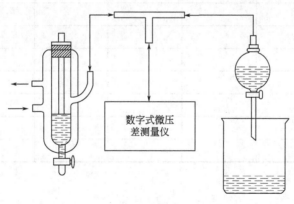

数字式微压差测量仪

图 2-29　表面张力测定装置图

2. 仪器准备及检漏

将测定管先用洗液洗净，再顺次用自来水和蒸馏水漂洗，以保证不要在玻璃面上留有水珠，使毛细管有很好的润湿性。装配、使用乳胶管连接好仪器，保证系统不漏气。调节恒温水浴温度为 30.0℃。

3. 测定仪器常数

调节恒温槽的温度（30.0±0.1）℃。将仪器认真洗涤干净，在测定管中注入蒸馏水，使管内液面刚好与毛细管口相接触，置于恒温水浴内恒温 10min。注意使毛细管保持垂直并注意液面位置，然后按图 2-28 接好系统。慢慢打开抽气瓶活塞，进行测定。注意气泡形成的速度应保持稳定，通常以每分钟约 8～12 个气泡为宜。读取压力计上显示的压力的最大绝对值，读数各 3 次，求出平均值。

4. 测定乙醇溶液的表面张力

将毛细管从样品管中取出，倒掉蒸馏水，以不同浓度的乙醇溶液进行测定，从浓到稀依次进行，每次测量前必须用待测液将样品管与毛细管冲洗三遍，然后在样品管内放入适量的待测溶液，按测仪器常数的步骤，按照上述方法测定，读取压力差 $\Delta p_{最大}$，最后测定液体的折射率，根据工作曲线，确定其组成。

六、数据记录与处理

1. 数据记录

实验温度：_____；大气压：_____；
仪器常数 $K' =$_____

乙醇浓度 /(mol/L)	Δp				γ/(N/m)	Γ/(mol/m²)
	1	2	3	平均值		

2. 数据处理

(1) 作 $\gamma = f(c)$ 图。

(2) 求出曲线上不同浓度 c 点处的 $d\gamma/dc$。

(3) 作 c/Γ-c 图，由图求得饱和吸附量 Γ_∞。

(4) 求乙醇分子横截面积 A。

3. 文献值

不同温度下蒸馏水的表面张力见表 2-4。

表 2-4 不同温度下蒸馏水的表面张力

$t/℃$	$\gamma/(10^{-3}\ \text{N/m})$	$t/℃$	$\gamma/(10^{-3}\ \text{N/m})$
0	75.64	21	72.59
5	74.92	22	72.44
10	74.22	23	72.28
11	74.07	24	72.13
12	73.93	25	71.97
13	73.78	26	71.82
14	73.64	27	71.66
15	73.49	28	71.50
16	73.34	29	71.35
17	73.19	30	71.18
18	73.05	35	70.38
19	72.90	40	69.56
20	73.75	45	68.74

七、思考题

（1）何谓表面张力、比表面能？表面张力与温度有无关系？

（2）何谓正吸附与负吸附？

（3）本实验用吉布斯吸附方程求什么量？要求出此量需什么数据？本实验用什么方法测取此数据？

（4）为什么要测定仪器常数？

（5）是否可以在测定仪器常数时，压力计内的液体用水，而测待测溶液时，压力计内水被换成乙醇？为什么？

（6）影响本实验结果的关键因素是什么？

八、注意事项

（1）细管口要与液面相切。

（2）气泡形成速度应稳定。

（3）通常讲溶液表面张力指体相或本体（bulk）和表面相达到平衡时表面张力即平衡表面张力或静表面张力，但最大泡压法测定时气泡表面积（即气液界面积）随时间而变化，气泡表面积胀大，将使得表面上吸附的溶质浓度变稀，如果溶质从体相内部迁移到表面相的速度很慢，测出的表面张力将随着泡速而变化，称为动表面张力，它和平衡表面张力有较大的差值。故用最大泡压法测平衡表面张力，泡速要慢，对于一些从体相迁移到表面相速度很慢的物质，即使泡速很慢，测出的表面张力实际上仍是动表面张力，往往和用其他方法测定值相差较大，即通常所讲最大泡压法平衡性能较差。但它对测定冶金中液态金属有较大优越性，可把耐高温毛细管插在液态金属中，而远距离测出 Δp。

实验九 热分析法绘制二组分固-液相图

一、实验目的

(1) 了解二组分固-液相图的基本特点。

(2) 掌握热分析法的测量技术。

(3) 用热分析法测绘 Pb-Sn 二元合金相图。

二、实验预习内容及要求

(1) 熟悉绘制二组分固-液相图的方法。

(2) 预习实验步骤。

三、实验原理

热分析法是用步冷曲线研究固-液相平衡的方法。其基本原理是：当体系缓慢而均匀地冷却时，如果体系中不发生相变化，体系温度随时间的变化是均匀的；当体系内有相变化发生时，由于在相变化的同时总伴随有相变潜热的出现，体系温度随时间变化的速率将发生变化，致使温度-时间曲线（步冷曲线）出现转折点或水平线段。把各样品的步冷曲线的转折点和平台的温度对样品组成描点连线即得固-液相图（温度-组成图）。

以 Pb-Sn 体系为例，用热分析法绘制二组分固-液相图的方法如下：

配制 Sn 的质量分数分别为 0％、20％、40％、61.9％、80％、100％的六个样品，加热使其熔融，在定压（大气压）的环境中缓慢冷却。每隔一段时间（30.0s）记录样品温度一次，然后以温度为纵坐标、时间为横坐标，描点连线，即可作出如图 2-30 所示的步冷曲线。

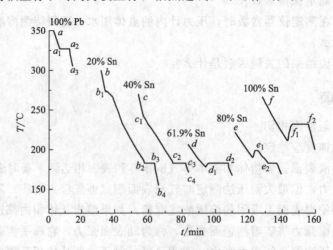

图 2-30 Pb-Sn 体系的步冷曲线

图 2-30 中，a 线是 $w(\text{Sn})＝0\%$ 即纯 Pb 样品的步冷曲线。aa_1 段相应于纯 Pb 液体的冷却过程（$f＝1-1+1＝1$）；到 a_1 点（Pb 的凝固点），开始有固态 Pb 从液体中析出。由于在析出固态 Pb 的过程中有凝固热放出，可以抵消体系散热，因而在步冷曲线上出现水平线

段 a_1a_2（$f=1-2+1=0$）；当液体 Pb 全部凝固，体系成为单一固相后（$f=1-1+1=1$），温度又可继续下降（a_2a_3 段）。同理，f 线是纯液体 Sn 的步冷曲线。与 a 线相似，f 线也有一水平线段，这一水平线段所对应的温度即是纯液体 Sn 的凝固点。

图 2-30 中，b 线是 $w(Sn)=20\%$、$w(Pb)=80\%$ 的液体混合物的步冷曲线。在冷却过程中，液相区内，温度沿 bb_1 线下降，当冷却到 b_1 点对应的温度时，从溶液中开始析出固溶体 α，同时放出凝固热，使体系的冷却速度变慢，因而步冷曲线的斜率改变，出现转折点 b_1（$f=2-2+1=1$），温度仍可继续下降，直至冷却到 b_2 点对应的温度，此时固溶体 α 和固溶体 β 同时析出，体系呈现固溶体 α、固溶体 β 和熔融液三相平衡共存（$f=2-3+1=0$），三相温度和组成均保持不变，于是，在步冷曲线上出现水平线段 b_2b_3。当液相完全凝固之后，体系只有固溶体 α 与固溶体 β 两相平衡共存（$f=2-2+1=1$），温度才可继续均匀下降（b_3b_4 段）。同理，图 2-30 中的 c 线（40% Sn+60% Pb）、e 线（80% Sn+20% Pb）与 b 线类似，只是在 e 线凝固点 e_1 先析出的固溶体是 β，到 e_2 点时固溶体 β 和固溶体 α 同时析出。

图 2-30 中，d 线样品的总组成恰好是最低共熔混合物的组成（61.9% Sn + 38.1% Pb），所以在冷却过程中，并没有一种固溶体比另一种固溶体先析出，而是到达低共熔点 d_1 对应的温度时，两种固溶体同时析出，形成最低共熔混合物与熔融液三相共存，因此，d 线上 d_1 点前没有斜率不同线段的转折点。三相水平线段 d_1d_2 之后，液相完全凝固，只有固溶体 α 与 β 两相共存，温度才可继续均匀下降。

将各样品步冷曲线的转折点的温度对相应体系的组成描点连线，得相图 2-31 中的液相线 AE、BE，画出对应低共熔温度的水平线 CD，再根据文献补充 ACF 和 BDG 线即可获得完整的 Pb-Sn 体系的固-液相图。

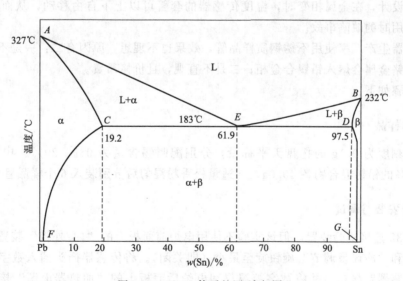

图 2-31 Pb-Sn 体系的固-液相图

四、仪器与试剂

KWL-08 可控升降温电炉 1 个、SWKY 数字控温仪 1 台、硬质玻璃样品管 6 个、松香、托盘天平 1 台、药匙 2 把。

纯锡粒（AR）、纯铅粒（AR）。

五、实验步骤

松香作为一种优秀的助焊剂，已在近一百年的电子工业生产中被广泛使用，代替石墨作为铅锡防氧化试剂，原理在于：松香可清洁金属表面、助熔（熔化、包裹、热传导等），在加热条件下形成的有机相（松香）与金属相（铅、锡）不互熔，且密度小，浮于金属表面隔绝空气，以防铅锡在高温加热过程中或存放时接触空气而被氧化。最重要的是，被松香层保护的铅、锡二组分体系，可以多次重复使用。如果实验中不小心使加热温度过高，导致松香分解焦化，可以适量补充松香。

松香在实验温度范围内，性质基本稳定，300.0℃以下基本不分解，不会与铅锡发生反应，熔融状态下形成密封层，隔绝空气的同时，减少了金属（铅）有毒蒸气的蒸发逸出。

L形样品管的一些设计缺陷如下：

L形样品管有内套管（插温度传感器用）。加热铅锡样品时，装在管内的分析样（Pb-Sn）被加热熔融后，套管底端被金属液相完全浸没。当金属液相冷凝后，该底端被牢固地镶嵌在金属固相里。由于金属相继续冷凝时体积缩小，会使该套管扯断报废。再次加热时，由于金属相的膨胀，会向上推该套管，直至管头顶破。

L形样品管在使用过程中，由于它是一个半封闭体系，管内空气不能与环境进行对流，松香过热分解后产生的水蒸气会在样品管中上部分的内管壁冷凝，并下流到底部的样品上急速汽化带走热量，既会使测得的样品温度变化而在非相变点出现拐点（降低再回升），又会使温度比较高的样品管底部玻璃破裂。所以可以使用一支中号试管加一根一端封口的玻管来替代L形样品管。敞口的试管可以使松香受热分解产生的水蒸气及时挥发到空气里。由于使用开放式设计，在金属相变时，温度传感器的套管可以上下自由移动，从而避开了L形样品管在使用时的缺陷事故。

不少仪器生产厂家使用不锈钢质样品管，效果也不理想，原因有二：一是不锈钢质样品管中的镍、铬金属会熔入铅锡合金相；二是不直观，且价格昂贵。

实验步骤如下：

1. 配制样品

用最小刻度为 0.1g 的托盘天平称量，分别配制锡含量为 0%、20%、40%、61.9%、80% 和 100% 的铅锡混合物各 40.0g，与适量松香粉混匀后分别装入 6 个样品管中。

2. 仪器安装与调试

按图 2-32 连接实验装置，但该实验不使用电炉前面板上的"内/外控"装置，并将"加热量调节"和"冷风量调节"旋钮旋至最小（即关闭）。将传感器插头插入数字控温仪后面板上的"传感器"接口，并将数字控温仪和电炉后面板上的"加热器电源"接口用导线连接。接通数字控温仪和电炉的电源。

3. 测量样品的步冷曲线

（1）把样品管和传感器放入炉膛保护筒内，调节电炉面板上"加热量调节"旋钮使加热指针指于 150.0V，样品预热 1.0min，然后调节到 50.0V 加热样品。对于纯铅样品，在 50.0V 条件下加热到 300.0℃，立即停止加热，靠电炉余热对纯铅样品加热。其他组分的样

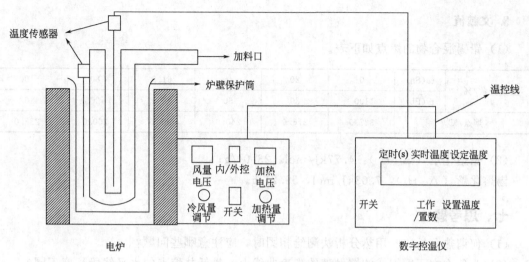

图 2-32 实验装置连接示意图

品则在 50.0V 条件下加热至低于其熔点 10.0℃，立即停止加热，靠电炉余热加热至高于其熔点 10.0℃，提出样品管，观察样品是否全熔。

（2）保持一段时间使样品熔化混匀后，将传感器从炉膛取出，插入玻璃试管中。

（3）设置控温仪的定时间隔，每隔 30.0s 记录温度一次，直到温度降到步冷曲线平台温度以下 20.0℃，结束一个样品的实验，得出该配比样品的步冷曲线数据。

（4）重复步骤（1）～（3），依次测出所配各样品的步冷曲线数据。

六、数据记录与处理

1. 数据记录

不同组成样品的温度和时间数据填入下表。

室温：_____   大气压：_____

t/min	T/℃					
	$w_{Sn}=0\%$	$w_{Sn}=20\%$	$w_{Sn}=40\%$	$w_{Sn}=61.9\%$	$w_{Sn}=80\%$	$w_{Sn}=100\%$
0.0						
0.5						
1.0						
⋮						

2. 数据处理

根据上表作温度（T）-时间（t）曲线（步冷曲线），找出拐点。以拐点温度为纵坐标，体系组成（质量分数）为横坐标，绘制锡铅二组分金属相图，并表示出各区域的相态、相数和自由度。

3. 文献值

（1）铅锡混合物的熔点如下表。

质量分数/%	$w(Sn)$	0	20	40	61.9	80	100
	$w(Pb)$	100	80	60	38.1	20	0
熔点/℃		327.0	276.0	240.0	183.0	200.0	232.0

（2）铅熔化焓（$\Delta_{fus}H$）：4.77kJ/mol，23.0J/g；

锡熔化焓（$\Delta_{fus}H$）：7.03kJ/mol，59.2J/g。

七、思考题

（1）何谓热分析法？用热分析法测绘相图时，应注意哪些问题？

（2）为什么在不同组成的熔融液的步冷曲线上，最低共熔点的水平线段长度不同？

（3）为什么样品中要严防混入杂质？

（4）步冷曲线各段的斜率以及水平段的长短与哪些因素有关？

八、注意事项

（1）金属加热熔化时应加入适量松香，松香可清洁金属表面、助熔，且浮于金属表面隔绝空气，以防金属在高温加热过程中接触空气而氧化。

（2）加热时，将传感器置于炉腔内，以免感应温度滞后；冷却时，将传感器放入玻璃试管中，以免感应温度失真。

（3）设定温度不能过高，一般不超过金属熔点 30.0～50.0℃，以防松香炭化、金属氧化。

（4）冷却速度不宜过快（室温自然冷却即可，不需吹冷风），以防曲线转折点不明显。

（5）处于高温下的样品管不能放置在桌面上或长时间暴露于低温空气中，不用时应用软布裹好放入木盒中保存。

（6）欲绘制完整的 Pb-Sn 体系的相图，除热分析法外，还需借助其他技术。例如：α、β相的存在以及 ACF、BDG 线的确定，可用金相显微镜、X 射线衍射方法以及化学分析手段共同解决。本实验并未证明固溶区的存在，可根据文献予以补充，获得完整的相图。

实验十　活性炭比表面积测定——溶液吸附法

一、实验目的

（1）用亚甲蓝溶液吸附法测定颗粒活性炭比表面积。

（2）了解朗缪尔单分子层吸附理论及用溶液法测定固体表面的基本原理。

（3）了解 7200 型分光光度计的基本原理并熟悉其使用方法。

二、实验原理

1. 吸附定律

在一定温度下，固体在某些溶液中的吸附和固体对气体的吸附很相似，可用朗缪尔单分子层吸附方程来处理。朗缪尔单分子层吸附理论的基本假定是：固体表面是均匀的，吸附是单分子层吸附，被吸附在固体表面的分子相互之间无作用力，吸附平衡是动态平衡。根据以上假定，推导出吸附方程：

$$\Gamma = \Gamma_\infty \frac{Kc}{1 + Kc} \tag{2-27}$$

式中，K 为吸附作用的平衡常数，也称为吸附常数，与吸附质、吸附剂性质及温度有关，其值越大，则表示吸附能力越强；Γ 为平衡吸附量，1g 吸附剂达吸附平衡时，吸附的溶质的物质的量，mol/g；Γ_∞ 为饱和吸附量，1g 吸附剂的表面上盖满一层吸附质分子时所能吸附的最大值，mol/g；c 为达到吸附平衡时，溶质在溶液本体中的平衡浓度。

将式(2-27) 整理得：

$$\frac{c}{\Gamma} = \frac{c}{\Gamma_\infty} + \frac{1}{K\Gamma_\infty} \tag{2-28}$$

以 c/Γ 对 c 作图得一直线，由此直线的斜率和截距可求得 Γ_∞、K 以及比表面积 S。

Γ_∞ 指每克吸附剂对吸附质的饱和吸附量（用物质的量表示），若每个吸附质分子在吸附剂上所占据的面积为 σ_A，则吸附剂的比表面积可以按照下式计算

$$S = \Gamma_\infty L \sigma_A \tag{2-29}$$

式中，S 为吸附剂比表面积；L 为阿伏伽德罗常数。

2. 活性炭对亚甲蓝的吸附

活性炭是一种固体吸附剂，对染料亚甲蓝具有很大的吸附倾向。研究表明，在一定的浓度范围内，大多数固体对亚甲蓝的吸附是单分子层吸附，符合朗缪尔吸附理论的基本假设。本实验以活性炭为吸附剂，将定量的活性炭与一定量的几种不同浓度的亚甲蓝相混合，在常温下振荡，使其达到吸附平衡。用分光光度计测量吸附前后亚甲蓝溶液的浓度，从浓度的变化求出每克活性炭吸附亚甲蓝的吸附量 Γ。

$$\Gamma = \frac{c_0 - c}{m} V \tag{2-30}$$

式中，V 为溶液的总体积，L；m 为加入溶液中吸附剂质量，g；c 和 c_0 分别为平衡浓度和原始浓度。

研究表明，在一定浓度范围内，大多数固体对亚甲蓝的吸附是单分子层吸附，即符合朗缪尔模型。但原始溶液浓度过高时，会出现多分子层吸附。因此，本实验原始溶液浓度为 0.2% 左右，平衡后浓度不小于 0.1%。亚甲蓝具有以下矩形平面结构：

其摩尔质量为 373.9g/mol。对于非石墨型的活性炭，亚甲蓝是以端基吸附取向，即吸

附质分子在活性炭表面是直立的，$\sigma_A = 1.52 \times 10^{-18} m^2/分子$。

3. 分光光度法浓度分析原理

根据比尔-朗伯（Beer-Lambert）定律透射光强度 I 与入射光强度 I_0 的关系有：

$$I = I_0 \exp^{(-\varepsilon dc)}$$

式中，d 为介质厚度；c 为吸收溶质浓度；ε 为摩尔吸光系数，其值与入射光强度、温度、波长、溶剂性质有关。将上式取对数得：

$$\ln(I/I_0) = -\varepsilon dc$$

即

$$\varepsilon dc = \ln(I_0/I) = 2.303 \lg(I_0/I)$$

$$\lg(I_0/I) = \varepsilon dc/2.303 = kdc$$

定义 A 为 $\lg(I_0/I) = kdc$，A 称为吸光度，k 为吸光物质的吸收系数或摩尔吸收系数。根据光吸收定律，当入射光为一定波长的单色光时，某溶液的吸光度与溶液中有色物质的浓度和液层的厚度成正比：

$$A = -\lg(I/I_0) = \varepsilon bc \tag{2-31}$$

式中，A 为吸光度；I_0 为入射光强度；I 为透射光强度；ε 为吸光系数；b 为光径长度或液层厚度；c 为溶液浓度。

亚甲蓝溶液在可见区有 2 个吸收峰：445.0nm 和 665.0nm。但在 445.0nm 处活性炭吸附对吸收峰有很大的干扰，故本实验选用的工作波长为 665.0nm，并用分光光度计进行测量。

三、仪器与试剂

7200 型分光光度计及其附件一套、配有包锡纸软木塞的 100.0mL 锥形瓶 5 只（用配磨石塞的锥形瓶也可以）、康氏振荡器一台、100.0mL 容量瓶 5 只、1000.0mL 容量瓶两只。

0.2%左右亚甲蓝原始溶液、浓度为 0.01%的亚甲蓝标准溶液、颗粒状非石墨型活性炭。

四、实验步骤

1. 样品活化

颗粒活性炭置于瓷坩埚中放入 500.0℃马弗炉活化 1.0h，然后置于干燥器中备用（教师预先应该准备好）。活化活性炭时，如果直接把活性炭送入高温炉子里，500.0℃条件下，半小时左右就会完全燃烧尽，因此，应当使用牺牲木炭法或通保护气法 500.0℃处理。

2. 溶液吸附

取 5 只干燥的带塞锥形瓶，编号 1、2、3、4、5，分别准确称取活化过的活性炭约 0.1g 置于瓶中，按表 2-5 配制不同浓度的亚甲蓝溶液 50.0mL，塞好，放在振荡器上振荡 3.0h。样品振荡达到平衡后，将锥形瓶取下，用砂芯漏斗过滤，得到吸附平衡后滤液，即为平衡溶液。

表 2-5 吸附试样配制比例

瓶编号	1	2	3	4	5
V(0.2%亚甲蓝溶液)/mL	30.0	20.0	15.0	10.0	5.0

瓶编号	1	2	3	4	5
V(蒸馏水)/mL	20.0	30.0	35.0	40.0	45.0

3. 原始溶液处理

为了准确测量约 0.2％亚甲蓝原始溶液的浓度，量取 2.5mL 溶液放入 500.0mL 容量瓶中，并用蒸馏水稀释至刻度，待用。此为原始溶液稀释液。

4. 亚甲蓝标准溶液的配制

分别量取 2.0mL、3.0mL、4.0mL、5.0mL、6.0mL 浓度为 0.01％的标准溶液于 100.0mL 容量瓶中，用蒸馏水稀释到刻度，蒸馏水定容摇匀，依次编号 1、2、3、4、5 待用。即 6 个标液的浓度依次为 2.0×10^{-6}、3.0×10^{-6}、4.0×10^{-6}、5.0×10^{-6}、6.0×10^{-6}。

5. 选择工作波长

对于亚甲蓝溶液，工作波长为 665.0nm。由于各分光光度计波长刻度略有误差，取浓度为 6.0×10^{-6} 的标准溶液，在 600.0～700.0nm 范围内测量吸光度，以吸光度最大的波长作为工作波长。

6. 测量吸光度

以蒸馏水为空白溶液，在选定的工作波长下，分别测量 5 个标准溶液、原始溶液、5 个稀释后的平衡溶液的吸光度。

五、数据记录与处理

（1）作亚甲蓝溶液吸光度对浓度（A-c）的工作曲线：以标准溶液摩尔浓度对其吸光度作图，所得的直线即为工作曲线。

（2）求亚甲蓝原始溶液浓度和各个平衡溶液浓度：据稀释后原始溶液的吸光度，从工作曲线上查得对应的浓度，乘上稀释倍数，即为原始溶液的浓度 c_0；将实验测定的各个稀释后的平衡溶液吸光度，从工作曲线上查得对应的浓度，乘上稀释倍数，即为平衡溶液的浓度 c_i。

瓶编号	1	2	3	4	5
V(0.2％亚甲蓝溶液)/mL	30.0	20.0	15.0	10.0	5.0
V(蒸馏水)/mL	20.0	30.0	35.0	40.0	45.0
原始溶液的吸光度 A_0					
原始溶液的浓度 $c_{0,i}$/(mol/L)					
平衡溶液的吸光度 A_i					
平衡溶液的浓度 c_i/(mol/L)					
Γ/(mol/g)					

续表

瓶编号	1	2	3	4	5
c/Γ					

（3）计算吸附溶液的初始浓度 $c_{0,i}$。

（4）计算吸附量 Γ。

（5）做朗缪尔吸附等温线。以 Γ 为纵坐标，c 为横坐标，作 Γ-c 吸附等温线。

（6）求饱和吸附量。由 Γ 和 c 数据计算 c/Γ 值，然后作 c/Γ-c 图，由图求得饱和吸附量 Γ_{∞}。将 Γ_{∞} 值用虚线作一水平线在 Γ-c 图上。这一虚线即是吸附量 Γ 的渐近线。

（7）计算试样的比表面积。将 Γ_{∞} 值代入 $S=\Gamma_{\infty} L \sigma_A$，可算得试样的比表面积 S。

六、思考题

（1）为什么亚甲蓝原始溶液浓度要选在 0.2% 左右，吸附平衡后，亚甲蓝溶液浓度要在 0.1% 左右？若吸附后，浓度太低，在实验操作中应如何改动？

（2）用分光光度计测量亚甲蓝溶液浓度时，为什么要将溶液稀释到 10^{-6} 级浓度才进行测量？

（3）透光度为透射光强度占入射光强度的比例，吸光度是否是吸收光强度占入射光强度的比例？如忽略反射光，透光度和吸光度（即光密度）应如何换算？

实验十一　液体饱和蒸气压的测定

一、实验目的

（1）了解用静态法（亦称等位法）测定环己烷在不同温度下蒸气压的原理，进一步理解纯液体饱和蒸气压与温度的关系。

（2）掌握真空泵、恒温槽及气压计的使用。

（3）学会用图解法求所测温度范围内的平均摩尔汽化热及正常沸点。

二、实验原理

在一定温度下，处于密闭的真空容器中的液体，一些动能较大的液体分子可从液相进入气相，而动能较小的蒸气分子因碰撞而凝结成液相，当二者的速度相等时，气-液两相建立动态平衡，此时液面上的蒸气压力就是该温度下的饱和蒸气压。

纯液体的蒸气压是随温度的变化而改变的，当温度升高时，分子运动加剧，更多的高动能分子由液相进入气相，因而蒸气压增大；反之，温度降低，则蒸气压减小。液体的饱和蒸气压与温度的关系可用克拉贝龙-克劳修斯方程式来表示

$$\frac{d\ln p}{dT}=\frac{\Delta H_m}{RT^2}$$

式中，p 为液体在温度 T 时的饱和蒸气压，Pa；T 为热力学温度，K；ΔH_m 为液体摩尔汽化热，J/mol；R 为气体常数。如果温度变化的范围不大，ΔH_m 可视为常数，将上式

积分可得

$$\lg \frac{p}{p^\ominus} = \frac{-\Delta H_m}{2.303RT} + C$$

式中，C 为积分常数，此数与压力 p 的单位有关。由上式可见，若在一定温度范围内，测定不同温度下的饱和蒸气压，以 $\lg \frac{p}{p^\ominus}$ 对 $\frac{1}{T}$ 作图，可得一直线，直线的斜率为 $-\frac{\Delta H_m}{2.303RT}$，而由斜率可求出实验温度范围内液体的平均摩尔汽化热 ΔH_m。

当液体的蒸气压与外界压力相等时，液体便沸腾，外压不同，液体的沸点也不同，因此通常把液体的蒸气压等于 101.325kPa 时的沸腾温度定义为液体的正常沸点。

测定液体饱和蒸气压常用以下三种方法：

1. 饱和气流法

在一定的温度和压力下，让一定体积的空气或惰性气体以缓慢的速率通过一个易挥发的待测液体，使气体被待测液体的蒸气所饱和。分析混合气体中各组分的量以及总压，再按道尔顿分压定律求算混合气体中蒸气的分压，即是该液体在此温度下的蒸气压。该法的缺点是：不易获得真正的饱和状态，导致实验值偏低。

2. 动态法

当液体的蒸气压与外界压力相等时，液体就会沸腾，沸腾时的温度就是液体的沸点。即与沸点所对应的外界压力就是液体的蒸气压。若在不同的外压下测定液体的沸点，从而得到液体在不同温度下的饱和蒸气压，这种方法叫做动态法。该法装置较简单，只需将一个带冷凝管的烧瓶与压力计及抽气系统连接起来即可。实验时，先将体系抽气至一定的真空度，测定此压力下液体的沸点，然后逐次往系统放进空气，增加外界压力，并测定其相应的沸点。只要仪器能承受一定的正压而不冲出，动态法也可用于在 101.325kPa 以上压力下的实验。动态法较适用于高沸点液体蒸气压的测定。

3. 静态法

该法是将待测物质放在一个密闭的体系中，在不同温度下直接测量其饱和蒸气压。通常是用平衡管（又称等位计）进行测定的。平衡管由一个球管与一个 U 形管连接而成（如图 2-33 所示），待测物质置于球管内，U 形管中放置汞或被测液体，将平衡管和抽气系统、压力计连接，在一定温度下，当 U 形管中的液面在同一水平时，表明 U 形管两臂液面上方的压力相等，记下此时的温度和压力，压力计的示值就是该温度下液体的饱和蒸气压，或者说，所测温度就是该压力下的沸点。可见，利用平衡管可以获得并保持体系中为纯试样的饱和蒸气，U 形管中的液体起液封和平衡指示作用。静态法常用于易挥发液体饱和蒸气压的测量，也可用于固体加热分解的平衡压力的测量。本实验采用静态法。

三、仪器与试剂

恒温槽 1 套、温度计（分度值 1/10℃）1 支、平衡管（带冷凝管）1 支、冷阱 1 套、真空泵及附件 1 套、数字式低真空测压仪 1 台。

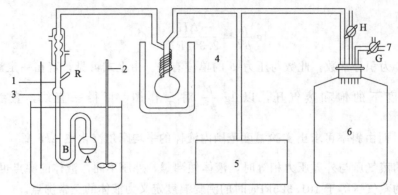

图 2-33　液体饱和蒸气压测定装置图

1—连冷凝管的等位计；2—搅拌器；3—温度计；4—冷阱；

5—精密数字压差计；6—稳压瓶；7—抽气活塞（接真空泵）

环己烷（AR）。

四、实验步骤

1. 安装仪器

按图 2-33 安装仪器，所有接口必须严密封闭，各接头所用的橡皮管要短，最好让橡皮管内的玻璃能彼此衔接上。为使系统通入大气或系统减压的操作以缓慢速度进行，可将活塞通大气的管子拉成尖口或连接一毛细管。

2. 装样

从平衡管 R 处注入环己烷液体，使球管 A 中装有约 2/3 的液体，U 形管 B 的双臂大部分有液体。

3. 系统检漏

将盛有液体的平衡管安装好，开通冷凝水，关闭进气活塞 H，旋转三通活塞 G，使真空泵与大气相通。开动真空泵抽气，待泵运转正常后，旋转三通活塞 G，使真空泵与体系相通，对体系抽气。当低真空测压仪上显示的压差为 300.0 ~ 400.0mmHg（4000.0 ~ 5300.0Pa）时，旋转三通活塞 G，使真空泵与大气相通，关闭真空泵。观察压力测量仪的数字变化，若 5.0min 后，压力测量仪的数字无变化，则证明系统不漏气。如果压力测量仪显示的数值逐渐变小，说明漏气，应仔细分段检查，并采取相应措施排除。

4. 测定不同温度下环己烷的蒸气压

调节恒温槽的温度至某一值后，开动真空泵，慢慢旋转三通活塞 G，至适当位置，使真空泵与体系相通，对体系缓缓地抽气，使球管 A 中液体内溶解的空气和球管 A 液面上方的空气呈气泡状一个一个地通过 B 管中液体排出。注意：抽气速度不能太快，否则平衡管内液体将急剧蒸发，致使 U 形管内液体被抽尽。抽气若干分钟后，关闭三通活塞 G。微微调节进气活塞 H，使空气缓慢进入测量体系，此时要谨防空气倒灌入球管 A 中而使实验失败，直至 U 形管中双臂液面等高。从压力测量仪上读出压力差。依照上法，抽气数分钟，再调节 U 形管中双臂等液面，重读压力差。若连续两次测得的压力差读数相差很小，则可以认为球管 A 液面上的空气已被排净，其空间已被环己烷充满。此时压力测量仪的读数即为该温度时的压力差。

用上述方法，沿温度由低到高的方向，温度每间隔 5℃ 测定一次，连续测六个不同温度下的环己烷的蒸气压。

五、数据记录与处理

1. 数据记录

被测液体：_____ ；实验时间：_____

实验开始时室温：_____ ；实验结束时室温：_____

实验开始时气压计读数：_____ ；实验结束时气压计读数：_____

纬度：_____ ；海拔高度：_____

校正后大气压的平均值：_____

恒温槽温度 $t/℃$	$\dfrac{1}{T/K} \times 10^3$	测压仪读数 $\Delta p/Pa$	液体的蒸气压 $p/10^{-4} Pa$	$\lg \dfrac{p}{p^{\ominus}}$

2. 数据处理

(1) 绘制 $\lg \dfrac{p}{p^{\ominus}} - \dfrac{1}{T}$ 图，求出液体的平均摩尔汽化热及正常沸点。

(2) 环己烷的正常沸点为 80.75 ℃，汽化热为 32.76kJ/mol，计算实验的相对误差。

(3) 求出液体蒸气压与温度关系式（$\lg \dfrac{p}{p^{\ominus}} = -\dfrac{B}{T} + A$）中的 A、B 值。

六、思考题

(1) 怎样判断球管液面上空的空气被排净？若未被驱除干净，对实验结果有何影响？

(2) 如何防止 U 形管中的液体倒灌入球管 A 中？若倒灌时带入空气，实验结果有何变化？

(3) 本实验方法能否用于测定溶液的蒸气压，为什么？

(4) 温度愈高测出的蒸气压误差愈大，为什么？

七、注意事项

（1）整个实验过程中，应保持等位计 A 球液面上空的空气排净。

（2）抽气的速度要合适，必须防止等位计内液体沸腾过剧，致使 B 管内液体被抽尽。

（3）蒸气压与温度有关，故测定过程中恒温槽的温度波动需控制在±0.1K。

（4）实验过程中需防止 B 管液体倒灌入 A 球内带入空气，使实验数据偏大。

实验十二 黏度法测定高分子化合物的分子量

一、实验目的

（1）掌握用黏度法测定高分子化合物分子量的原理。

（2）用乌氏黏度计测定聚乙烯醇溶液的特性黏度，计算其黏均分子量。

二、实验原理

高分子化合物分子量对于高分子化合物溶液的性能影响很大，是重要的基本参数。一般高分子化合物是分子量大小不同的大分子的混合物，分子量常在 $10^3 \sim 10^7$ 之间，所以通常所测高分子化合物分子量是平均分子量。

测定高分子化合物分子量的方法很多，不同方法所测得的平均分子量有所不同。黏度法是测定分子量常用的方法之一，黏度法测得的平均分子量称为黏均分子量。

高分子化合物溶液的黏度 η 比一般纯溶剂的黏度 η_0 大得多，其黏度增加的分数称为增比黏度 η_{sp}，其定义为：

$$\eta_{sp} = \frac{\eta - \eta_0}{\eta_0}$$

溶液黏度与纯溶剂黏度之比称为相对黏度 η_r：

$$\eta_r = \frac{\eta}{\eta_0}$$

增比黏度表示了扣除溶剂内摩擦效应后的黏度，而相对黏度则表示整个溶液的行为。它们之间的关系为：

$$\eta_{sp} = \frac{\eta}{\eta_0} - 1 = \eta_r - 1$$

高分子溶液的增比黏度一般随浓度的增加而增加。为了便于比较，将单位浓度所显示的增比黏度称为比浓黏度 η_{sp}/c。而将 $\ln\eta_r/c$ 称为比浓对数黏度。增比黏度与相对黏度均为无量纲量。

为消除高聚物分子之间的内摩擦效应，将溶液无限稀释，这时溶液所呈现的黏度行为基本上反映了高聚物分子与溶剂分子之间的内摩擦，这时的黏度称为特性黏度 $[\eta]$：

$$\lim_{c \to 0} \frac{\eta_{sp}}{c} = [\eta]$$

特性黏度与浓度无关，实验证明，在聚合物、溶剂、温度三者确定后，特性黏度的数值只与高聚物平均分子量有关，它们之间的半经验关系式为：

$$[\eta] = K\overline{M}^a$$

式中，K 为比例系数；α 为与分子形状有关的经验常数。这两个参数都与温度、聚合物和溶剂性质有关，在一定范围内与分子量无关。增比黏度与特性黏度之间的经验关系为：

$$\eta_{sp}/c = [\eta] + \kappa\,[\eta]^2 c$$

而比浓对数黏度与特性黏度之间的关系也有类似的关系：

$$\ln\eta_r/c = [\eta] + \beta\,[\eta]^2 c$$

因此将增比黏度与溶液浓度之间的关系及比浓对数黏度与浓度之间的关系描绘于坐标系中时，两个关系均为直线，而且截距均为特性黏度（图2-34）。

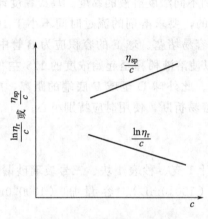

图 2-34 外推法求特性黏度

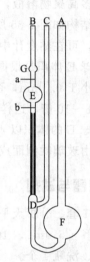

图 2-35 乌氏黏度计

求出特性黏度后，就可以用前述半经验关系式求出高聚物的平均分子量。

黏度测定的方法有用毛细管黏度计测量液体在毛细管中的流出时间、落球黏度计测定圆球在液体中的下落速率、旋转黏度计测定液体与同心轴圆柱体相对转动阻力等三种。本实验采用第一种方法。

高分子溶液在毛细管黏度计中因重力作用而流出时，遵守泊肃叶定律：

$$\frac{\eta}{\rho} = \frac{\pi h g r^4 t}{8lV} - m\,\frac{V}{8\pi lt}$$

式中，ρ 为液体密度；l 为毛细管长度；r 为毛细管半径；t 为流出时间；h 为流经毛细管液体的平均液柱高度；g 为重力加速度；V 为流经毛细管液体的体积；m 为与仪器几何形状有关的参数，当 $r/l \ll 1$ 时，取 $m = 1$。

上式可改写为：

$$\frac{\eta}{\rho} = \alpha t - \frac{\beta}{t}$$

当 β 小于1、t 大于100.0s时，第二项可忽略。即

$$\frac{\eta}{\rho} = \alpha t$$

对稀溶液，密度与溶剂密度近似相等，可以分别测定溶液和溶剂的流出时间，求算相对

黏度 η_r：

$$\eta_r = \frac{\eta}{\eta_0} = \frac{t}{t_0}$$

根据测定值可以进一步计算增比黏度 η_{sp}、比浓黏度（η_{sp}/c）、比浓对数黏度（$\ln\eta_r/c$）。对一系列不同浓度的溶液进行测定，在坐标系里绘出比浓黏度和比浓对数黏度与浓度之间的关系，外推到 $c=0$ 的点，此处的截距即为特性黏度（如图 2-34）。在 K、α 已知时，可求得平均分子量。

对于聚乙二醇，在 25.0℃ 时，$K = 2.0 \times 10^{-2}\,\mathrm{cm}^{-3} \cdot \mathrm{g}^{-1}$，$\alpha = 0.76$；35.0℃ 时，$K = 1.66 \times 10^{-5}\,\mathrm{dm}^{-3} \cdot \mathrm{g}^{-1}$，$\alpha = 0.82$。

对于许多高聚物溶液，测定其黏度，最方便的是使用毛细管黏度计。本实验中采用乌氏黏度计，其结构如图 2-35 所示，乌氏黏度计的最大优点是黏度计中的溶液体积不影响测定结果。因此，可在黏度计中用逐步稀释法得到不同浓度溶液的黏度。乌氏黏度计毛细管的直径、长度和球 E 体积是根据溶剂的黏度选定的，要求溶剂的流过时间不小于 100.0s。毛细管直径不宜小于 0.5mm，否则测定或洗涤时容易堵塞。球 F 的容积应为 B 管中 a 刻度至球 F 底体积的 8～10 倍，这样在测定过程中可以使溶液稀释至起始浓度的 1/5 左右。为使球 F 不致过大，球 E 的体积以 4.0～5.0mL 为宜。此外球 D 至球 F 底端的距离，应尽量小些。由于黏度计由玻璃吹制而成，其三根支管很容易折断，使用时应特别小心。

三、仪器与试剂

恒温槽 1 套、分析天平 1 台、乌氏黏度计 1 支、秒表 1 块、三号玻璃砂漏斗（3 号）1 支、移液管（5.0mL、10.0mL）、量筒（100.0mL）、容量瓶（1000.0mL）、烧杯（100.0mL）、洗瓶 1 个。

聚乙烯醇（AR）、正丁醇（AR）。

四、实验步骤

1. 配制高聚物溶液

用分析天平准确称取 9.0～10.0g 聚乙烯醇于烧杯（100.0mL）中，加入约 1000.0mL 蒸馏水，加热溶解。冷却后，小心地转移至容量瓶（1000.0mL）中，滴几滴正丁醇（起消泡作用），加水至刻度。

2. 安装乌氏黏度计

调节恒温槽温度（25.0℃或 35.0℃）。在洗净、烘干的乌氏黏度计 B 管和 C 管上各套一段乳胶管。然后，将黏度计垂直固定在恒温槽中，要使水面完全浸没 G 球。检查黏度计毛细管是否垂直，调整黏度计至垂直，固定。用移液管吸取 10.0mL 蒸馏水，从 A 管注入，恒温 10.0min 后进行测定。

我们尝试把乌氏黏度计与垂线成 30°夹角来测试。相同长度的黏度计可以选用毛细管管径 1.0mm 规格的仪器来做实验。因为有了这个夹角，虽然毛细管径粗了些，但流经的时候可以控制在 100.0s 以上。管径较粗的毛细管不容易堵塞，管径也比较均匀。

3. 溶剂流出时间 t_0 的测定

将 C 管的乳胶管用夹子夹紧，使其不漏气。在 B 管上用注射器将溶液吸至 G 球的 2/3 位置。使 B 管上口通大气，G 球中的液面下降。立即松开夹子，使 C 管通大气，D 球中溶液回到 F 球中。此时 G 球液面应离刻线 a 较远。当液面流经刻线 a 时，立即启动秒表，开始计量时间。当液面降至刻线 b 时，停止秒表，记录液面由 a 至 b 所需的时间 t_0。重复操作三次，测量值间差值不得大于 0.3s，取平均值。

4. 溶液流出时间 t 的测定

取 10.0mL 配制好的聚乙烯醇溶液加入黏度计中，浓度为 c_1，用洗耳球反复抽吸到 G 球内几次，使混合均匀。用上述方法测定流出时间三次，每次相差不超过 0.4s，求其平均值 t_1；然后加入 2.0mL 蒸馏水，浓度变为 c_2，重复上述操作，测定流出时间 t_2；同样依次加入 3.0mL、5.0mL、10.0mL 蒸馏水，使溶液浓度变为 c_3、c_4、c_5，测定流出时间 t_3、t_4、t_5。最后一次若溶液太多，可在均匀混合后倒出一部分。由于浓度由稀释计算得来，故所加蒸馏水的体积必须准确，每次加水后，都要用洗耳球来回抽气，使溶液混合均匀。

5. 结束实验

实验完毕，黏度计应充分洗涤，然后用洁净的蒸馏水浸泡或倒置使其晾干。为避免灰尘的影响，所使用的试剂瓶、黏度计应扣在钟罩内，移液管也应用塑料薄膜覆盖，切勿用纤维材料。

五、思考题

（1）试举例说明影响黏度测定的因素？黏度计毛细管的粗细有何影响？

（2）为什么当 $c \to 0$ 时，$\lim(\eta_{sp}/c) = \lim(\ln\eta/c)$？

（3）特性黏度 $[\eta]$ 就是溶液无限稀释时的比浓黏度，它和纯溶剂的黏度 η_0 是否一样？为什么要用 $[\eta]$ 来测求高聚物的分子量？

六、注意事项

（1）聚乙烯醇溶液很容易产生泡沫，而泡沫的存在直接影响流过时间的测定，甚至使实验不能进行。因此，在聚乙烯醇溶液中加入几滴正丁醇以破除泡沫。为保证实验数据的规律性，在纯溶剂中也应加入同样多的正丁醇。同时，在实验操作中，抽吸液体必须缓慢，避免气泡的形成。若 D 球中有气泡，应将其赶到 F 球中。液面升到 E 球中时液面上不得有气泡，这是实验成败的关键。

（2）随着溶液浓度增加，高聚物分子之间的距离逐渐缩短，因而分子间作用力增大。当溶液浓度超过一定限度时，高聚物溶液的 $\eta_{sp}/c\text{-}c$、$\ln\eta_r/c\text{-}c$ 的关系不成线性。因此测定时要求最浓溶液和最稀溶液与溶剂的相对黏度 η_r 在 1.2～2.0 之间。

（3）温度波动直接影响溶液黏度的测定，标准规定用黏度计测定分子量的恒温槽的温度波动为 $\pm0.05℃$。

（4）在特性黏度测定过程中，有时并非操作不慎才出现各种异常现象，而是高聚物本身的结构及其在溶液中的形态所致，目前尚不能清楚地解释产生这些反常现象的原因。因此出现异常现象时，以 η_{sp}/c-c 曲线及截距求 $[\eta]$ 值。

实验十三　电导法测定弱电解质的电离常数

一、实验目的

（1）掌握电导法测定弱电解质电离平衡常数的原理和方法。
（2）了解电导率仪的构造和工作原理，学会其使用方法。

二、实验原理

乙酸（HAc）属于弱电解质，在水溶液中是部分电离的。达到电离平衡时，其标准电离平衡常数 $K_a^\ominus$ 与其起始浓度 c 和电离度 α 有以下关系：

$$\begin{array}{cccccc} & \text{HAc} & \rightleftharpoons & \text{H}^+ & + & \text{Ac}^- \\ t=0 & c & & 0 & & 0 \\ t=t_{平衡} & c(1-\alpha) & & c\alpha & & c\alpha \end{array}$$

$$K_a^\ominus = \frac{\alpha^2}{1-\alpha} \times \frac{c}{c^\ominus} \tag{2-32}$$

在一定温度下 $K_a^\ominus$ 是常数，与溶液浓度无关，因此可以通过测定 HAc 在不同浓度时的 α 代入式（2-32）求 $K_a^\ominus$。

弱电解质（HAc）在浓度 c 时的电离度 α 等于其在该浓度时的摩尔电导率 Λ_m 与其在无限稀时的极限摩尔电导率 Λ_m^∞ 之比，即：

$$\alpha = \frac{\Lambda_m}{\Lambda_m^\infty} \tag{2-33}$$

将上式代入式（2-32）得：

$$K_a^\ominus = \frac{\Lambda_m^2}{\Lambda_m^\infty(\Lambda_m^\infty - \Lambda_m)} \times \frac{c}{c^\ominus} \tag{2-34}$$

上式可改写为：

$$\frac{c\Lambda_m}{c^\ominus} = \frac{K_a^\ominus(\Lambda_m^\infty)^2}{\Lambda_m} - K_a^\ominus \Lambda_m^\infty \tag{2-35}$$

式（2-35）中弱电解质 HAc 的极限摩尔电导率可查表由其离子的极限摩尔电导率求算。即：

$$\Lambda_m^\infty = \lambda_m^\infty(\text{H}^+) + \lambda_m^\infty(\text{Ac}^-) \tag{2-36}$$

而 Λ_m 可通过测定浓度为 c 的溶液的电导率 κ_{sol} 和溶剂的电导率 κ_{H_2O}，由下式计算：

$$\Lambda_m = \frac{\kappa_{sol} - \kappa_{H_2O}}{c} \tag{2-37}$$

当查表求得 HAc 的 Λ_m^∞ 和测定了不同浓度 HAc 的 Λ_m 后，根据式（2-35），以 $\dfrac{c\Lambda_m}{c^\ominus}$ 对 $\dfrac{1}{\Lambda_m}$ 作图可得一直线，由直线的斜率 $k = K_a^\ominus(\Lambda_m^\infty)^2$ 即可求算出标准平衡常数 $K_a^\ominus$。

三、仪器与试剂

DDS-307A 型或 DDS-11A 型电导率仪（附 DIS-1C 型铂黑电极）1 台、恒温水槽 1 套、电导池（可用试管等代替）1 个、铁架台和铁夹（含双顶丝）各 1 个、专用多管试管铝合金支架（自制）1 个、吸水纸适量。

0.01mol/L、0.02mol/L、0.03mol/L、0.05mol/L、0.10mol/L 的标准 HAc 溶液各 1000.0mL（公用），新鲜去离子水或煮沸蒸馏水适量。

四、实验步骤

（1）仪器装配与调节。装配恒温槽并调节恒温槽水温至（30.0±0.1）℃（根据实际情况来定）。

（2）测电导水的电导率。用电导水洗净电导池和铂电极（注意不可直接冲刷铂片，以保护铂黑），然后在电导池中注入电导水，恒温 15.0min 后测其 25.0℃时的电导率（仪器的"温度补偿"置于待测液实际温度）。

（3）测 HAc 溶液的电导率。倾去电导池中的电导水，将电导池和铂电极用少量待测 HAc 溶液洗涤 2～3 次，然后注入待测 HAc 溶液。恒温 15.0min 后，用电导率仪测其 25.0℃时的电导率。按照浓度由小到大的顺序，测定不同浓度 HAc 溶液的电导率。

（4）使用"专用多管试管铝合金支架"，可以把前面的步骤（2）、（3）合在一起同步完成。用 10.0mL 离心试管各取 5.0～6.0mL 包括电导水在内的 6 个样，依浓度递增的顺序放置在自制专用 6 孔试管支架上恒温，15.0min 后依序测量。因为测量的试剂量少（5.0mL），又是非线性测量操作，可以大大缩短实验时间（约 1.0h）。

（5）测量结束后，用蒸馏水洗净电导池和电导电极，把电极浸泡在电导水中，关闭电导率仪和恒温槽，拔掉电源插头，做好清洁工作。

五、数据记录与处理

1. 数据记录

大气压：_____；室温：_____

25.0℃的数据如下：

$c/$ (mol/m^3)	$\kappa/$ (S/m)	$\kappa - \kappa_0/$ (S/m)	$\Lambda_m/$ $(S \cdot m^2/mol)$	$\Lambda_m^{-1}/$ $[mol/(S \cdot m^2)]$	$(c/c^\ominus)\Lambda_m/$ $(S \cdot m^2/mol)$
0					
10					
20					
30					
50					
100					

2. 作图

直线的斜率 $k =$ _____。

25.0℃时 HAc 的电离平衡常数 $K_a^\ominus =$ _____。

注意：25.0℃时，HAc 水溶液的极限摩尔电导率 $\Lambda_m^\infty(HAc) = 3.907 \times 10^{-2} S \cdot m^2/mol$。

六、思考题

(1) 测定乙酸溶液的电导率时，为什么要按浓度由低到高的顺序进行？

(2) 本实验为何要测水的电导率？

(3) 实验中为何用镀铂黑电极？使用时应注意哪些事项？

七、注意事项

(1) 本实验配制溶液时均需用电导水。

(2) 温度对电导率有较大影响，所以整个实验测量必须在同一温度下进行。恒温槽的温度要控制在 (30.0±0.1)℃。

(3) 每次测定前，都必须将电导电极及电导池洗涤干净，以免影响测定结果。

实验十四 原电池电动势的测定

一、实验目的

(1) 测定 Zn-Cu 电池的电动势和 Cu、Zn 电极的电极电势。

(2) 学会一些电极的制备和处理方法。

(3) 掌握电位差计（包括数字式电子电位差计）的测量原理和使用方法。

二、实验原理

原电池由正、负两极和电解质组成。电池在放电过程中，正极发生还原反应，负极则发生氧化反应，电池反应是电池中所有反应的总和。

电池除可用作电源外，还可用来研究构成此电池的化学反应的热力学性质，从化学热力学可知，在恒温、恒压、可逆条件下，电池反应有以下关系：

$$\Delta_r G_m = -nFE \tag{2-38}$$

式中，$\Delta_r G_m$ 是电池反应的吉布斯自由能增量；n 为电极反应中电子得失数；F 为法拉第常数；E 为电池的电动势。从式中可知，测得电池的电动势 E 后，便可求得 $\Delta_r G_m$，进而求得其他热力学参数。但须注意，首先要求被测电池反应本身是可逆的，即要求电池的电极反应是可逆的，并且不存在不可逆的液接界。同时要求电池必须在可逆情况下工作，即放电和充电过程都必须在准平衡状态下进行，此时只允许有无限小的电流通过电池。因此，在用电化学方法研究化学反应的热力学性质时，所设计的电池应尽量避免出现液接界，在精确度要求不高的测量中，常用"盐桥"来减小液接界电势。

为了使电池反应在接近热力学可逆条件下进行，一般均采用电位差计测量电池的电动势。原电池电动势主要是两个电极的电极电势的代数和，如能分别测定出两个电极的电势，就可计算得到由它们组成的电池电动势。由式(2-38)可推导出电池电动势以及电极电势的表达式。下面以锌-铜电池为例进行分析。

电池表示式为：$Zn \mid ZnSO_4(m_1) \parallel CuSO_4(m_2) \mid Cu$

符号"$\mid$"代表固相（Zn 或 Cu）和液相（$ZnSO_4$ 或 $CuSO_4$）两相界面；"$\parallel$"代表连通两个液相的"盐桥"；m_1 和 m_2 分别为 $ZnSO_4$ 和 $CuSO_4$ 的质量摩尔浓度。

当电池放电时：

负极发生氧化反应　　　　$Zn \longrightarrow Zn^{2+}[a(Zn^{2+})] + 2e^-$

正极发生还原反应　　　　$Cu^{2+}[a(Cu^{2+})] + 2e^- \longrightarrow Cu$

电池总反应为　　　　　　$Zn + Cu^{2+}[a(Cu^{2+})] \longrightarrow Zn^{2+}[a(Zn^{2+})] + Cu$

电池反应的吉布斯自由能变化值为：

$$\Delta_r G_m = \Delta_r G_m^\ominus + RT \ln \frac{a(Zn^{2+})a(Cu)}{a(Cu^{2+})a(Zn)} \tag{2-39}$$

式中，$\Delta_r G_m^\ominus$ 为标准态时自由能的变化值；a 为物质的活度，纯固体物质的活度等于 1，则有：

$$a(Zn) = a(Cu) = 1 \tag{2-40}$$

在标准态时，$a(Zn^{2+}) = a(Cu^{2+}) = 1$，则有：

$$\Delta_r G_m = \Delta_r G_m^\ominus = -nFE^\ominus \tag{2-41}$$

式中，$E^\ominus$ 为电池的标准电动势。由式(2-38)～式(2-41) 可解得：

$$E = E^\ominus - \frac{RT}{nF} \ln \frac{a(Zn^{2+})}{a(Cu^{2+})} \tag{2-42}$$

对于任一电池，其电动势等于两个电极电势之差值，其计算式为：

$$E = \varphi_+ (右，还原电势) - \varphi_- (左，还原电势) \tag{2-43}$$

对锌-铜电池而言，

$$\varphi_+ = \varphi_{Cu^{2+}/Cu}^\ominus - \frac{RT}{2F} \ln \frac{1}{a(Cu^{2+})} \tag{2-44}$$

$$\varphi_- = \varphi_{Zn^{2+}/Zn}^\ominus - \frac{RT}{2F} \ln \frac{1}{a(Zn^{2+})} \tag{2-45}$$

式中，$\varphi_{Cu^{2+}/Cu}^\ominus$ 和 $\varphi_{Zn^{2+}/Zn}^\ominus$ 是当 $a(Zn^{2+}) = a(Cu^{2+}) = 1$ 时，铜电极和锌电极的标准电极电势。

对于单个离子，其活度是无法测定的，但强电解质的活度与物质的平均质量摩尔浓度和平均活度系数之间有以下关系：

$$a(Zn^{2+}) = \gamma_\pm m_1 \tag{2-46}$$

$$a(Cu^{2+}) = \gamma_\pm m_2 \tag{2-47}$$

$\gamma_\pm$ 是离子的平均离子活度系数。其数值大小与物质浓度、离子的种类、实验温度等因素有关。$\gamma_\pm$ 数值可参见相关物理化学手册。

在电化学中，电极电势的绝对值至今无法测定，在实际测量中是以某一电极的电极电势作为零标准，然后将其他电极（被研究电极）与它组成电池，测量其间的电动势，则该电动势即为该被测电极的电动势。被测电极在电池中的正、负极性，可由它与零标准电极两者的还原电势比较而确定。通常将氢电极在氢气压力为 101325Pa、溶液中氢离子活度为 1.0 时的电极电势规定为 0V，称为标准氢电极，然后与其他被测电极进行比较。

由于使用标准氢电极不方便，在实际测定时往往采用第二级的标准电极。甘汞电极（SCE）是其中最常用的一种。这些电极与标准氢电极比较而得到的电势已精确测出，参见相关物理化学手册。

以上所讨论的电池是在电池总反应中发生了化学变化，因而被称为化学电池。还有一类电池叫作浓差电池，这种电池在净作用过程中，仅仅是一种物质从高浓度（或高压力）状态向低浓度（或低压力）状态转移，从而产生电动势，而这种电池的标准电动势 $E^{\ominus}$ 等于 0V。

例如电池：$Cu \mid CuSO_4(0.01mol/L) \parallel CuSO_4(0.1mol/L) \mid Cu$ 就是浓差电池的一种。

电池电动势的测量工作必须在电池处于可逆条件下进行，因此根据对消法原理（在外电路上加一个方向相反而电动势几乎相等的电池）设计了一种电位差计，以满足测量工作的要求。必须指出，电极电势的大小，不仅与电极种类、溶液浓度有关，而且与温度有关。在附录八附表8-27中列出的数据，是在298.0K时，以水为溶剂的各种电极的标准电极电势。本实验是在实验温度下测得的电极电势 φ_T，由式(2-44)和式(2-45)计算 $\varphi_T^{\ominus}$。为了方便起见，可采用下式求出298.0K时的标准电极电势 $\varphi_{298}^{\ominus}$：

$$\varphi_T^{\ominus} = \varphi_{298}^{\ominus} + \alpha(T - 298) + \frac{1}{2}\beta(T - 298)^2$$

式中，α、β 为电池电极的温度系数。对 Zn-Cu 电池来说：

铜电极（Cu^{2+}/Cu），$\alpha = -0.016 \times 10^{-3}$ V/K，$\beta = 0$

锌电极 $[Zn^{2+}/Zn(Hg)]$，$\alpha = 0.100 \times 10^{-3}$ V/K，$\beta = 0.62 \times 10^{-6}$ V/K^2

三、仪器与试剂

UJ-25型电位差计、标准电池、检流计、饱和甘汞电极、电极管、锌电极、电镀装置。镀铜溶液、饱和硝酸亚汞、硫酸锌（分析纯）、硫酸铜（分析纯）、氯化钾（分析纯）、0.1mol/L HCl、6.0mol/L硫酸铜、6mol/L硫酸、6mol/L硝酸、蒸馏水。

四、实验步骤

1. 电极制备

（1）锌电极　用6.0mol/L硫酸浸洗锌电极以除去表面氧化层，取出后用水洗涤，再用蒸馏水淋洗，然后放入含有饱和硝酸亚汞溶液和棉花的烧杯中，在棉花上摩擦3.0~5.0s，使锌电极表面形成一层均匀的锌汞齐，再用蒸馏水淋洗。把处理好的锌电极插入清洁的电极管内并塞紧，将电极管的虹吸管管口插入盛有0.1mol/L ZnSO$_4$溶液的小烧杯内，用吸气球自支管抽气，将溶液吸入电极管至高出电极约1.0cm，停止抽气，旋紧夹子。电极的虹吸管内（包括管口）不可有气泡，也不能有漏液现象。

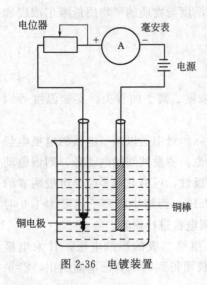

图2-36　电镀装置

（2）铜电极　将铜电极在6.0mol/L硝酸溶液内浸洗，除去氧化层和杂物，然后取出用水冲洗，再用蒸馏水淋洗。将铜电极置于电镀烧杯中作阴极，另取一个经清洁处理的铜棒作阳极，进行电镀，电流密度控制在10.0mA/cm^{2}为宜。其电镀装置如图2-36所示，电镀1.0h。由于铜表面极易氧化，故须在测量前进行电镀，且尽量使铜电极在空气中暴露时间少一些。装配铜电极的方法与锌电极相同。

2. 电池组合

按图 2-37 所示，将饱和 KCl 溶液注入 50.0mL 的小烧杯内作为盐桥，将上面制备的锌电极的虹吸管置于小烧杯内并与 KCl 溶液接触，再放入饱和甘汞电极。

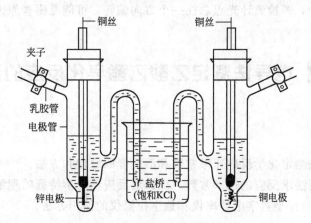

图 2-37　电池装置示意图

按图 2-37 组合电极，即成下列电池：

$Zn|ZnSO_4(0.1000mol/L)||KCl(饱和)|Hg_2Cl_2|Hg$

$Hg|Hg_2Cl_2|KCl(饱和)||CuSO_4(0.1000mol/L)|Cu$

$Zn|ZnSO_4(0.1000mol/L)||CuSO_4(0.1000mol/L)|Cu$

$Cu|CuSO_4(0.0100mol/L)||CuSO_4(0.1000mol/L)|Cu$

3. 电动势测定

(1) 按照电位差计电路图，接好电动势测量线路。

(2) 根据标准电池的温度系数，计算实验温度下的标准电池电动势。以此对电位差计进行标定。

(3) 用电位差计测定以上 4 个电池的电动势。

五、数据记录与处理

(1) 根据饱和甘汞电极的电极电势温度校正公式，计算实验温度下的电极电势：

$$\varphi_{SCE}/V = 0.2415 - 7.61 \times 10^{-4}(T/K - 298) \tag{2-48}$$

(2) 根据测定的各电池的电动势，分别计算铜、锌电极的 φ_T、$\varphi_T^{\ominus}$、$\varphi_{298}^{\ominus}$。

(3) 根据有关公式计算 Zn-Cu 电池的理论电动势 $E_{理}$，并与实验值 $E_{实}$ 进行比较。

(4) 有关数据见表 2-6。

表 2-6　Cu、Zn 电极的温度系数及标准电极电势

电极	电极反应	$\alpha \times 10^3/(V/K)$	$\beta \times 10^6/(V/K^2)$	$\varphi_{298}^{\ominus}/V$
Cu^{2+}/Cu	$Cu^{2+} + 2e^- \Longrightarrow Cu$	-0.016	—	0.3419
$Zn^{2+}/Zn(Hg)$	$(Hg) + Zn^{2+} + 2e^- \Longrightarrow Zn(Hg)$	0.100	0.62	-0.7627

六、思考题

(1) 测定电动势时为何要用盐桥？应选用什么样的电解质作盐桥？

(2) 补偿法测定电池电动势的装置中，电位差计、工作电源、标准电池和检流计各起什么作用？如何使用和维护标准电池及检流计？

(3) 测量过程中，若检流计光点总往一个方向偏转，可能是哪些原因引起的？

实验十五 电导法测定乙酸乙酯皂化反应的速率常数

一、实验目的

(1) 掌握电导法测定化学反应速率常数和活化能的原理和方法。

(2) 学会用作图法求反应的速率常数，加深对反应动力学特征的理解。

(3) 掌握 DDS-11A 型数字电导率仪和数字控温仪的使用方法。

二、实验原理

乙酸乙酯的皂化反应是二级反应，其反应式为：

$$CH_3COOC_2H_5 + NaOH \longrightarrow CH_3COONa + C_2H_5OH$$

设 $t=0$ 时 a b 0   0

$t=t$ 时 $(a-x)$ $(b-x)$ x x

$t=\infty$ 时   0 $(b-a)$ a a

如果两种反应物的起始浓度 (a 和 b) 相同，均为 a，则反应速率的表示式为：

$$\frac{dx}{dt} = k(a-x)^2 \tag{2-49}$$

式中，x 为反应进行到 t 时刻消耗掉乙酸乙酯的浓度，将式(2-49)定积分得：

$$\frac{1}{a-x} - \frac{1}{a} = kt \tag{2-50}$$

从式(2-50)不难看出，若在不同反应时刻 t 测出反应物的相应浓度 $(a-x)$，并以 $1/(a-x)$ 对 t 作图得直线，由直线的斜率即可求出该二级反应的速率常数 k。然而反应是不间断地进行的，要快速准确地分析出反应进行到不同时刻乙酸乙酯的浓度是困难的。但由于反应体系中各物质的电导率不同，故可以利用体系在反应过程中电导率的变化来度量反应的进度及乙酸乙酯的浓度。

在乙酸乙酯皂化反应体系中，$CH_3COOC_2H_5$ 和 C_2H_5OH 几乎不导电，随着反应的进行，电导率 (κ) 大的 OH^- 逐渐被电导率小的 CH_3COO^- 所取代，溶液的电导率显著降低。对稀溶液而言，强电解质的电导率与其浓度成正比，而且溶液的总电导率等于组成该溶液的电解质的电导率之和。如果乙酸乙酯皂化反应在稀溶液下进行则存在如下关系式：

$$\kappa_0 = A_1 a \tag{2-51}$$

$$\kappa_t = A_1(a-x) + A_2 x \tag{2-52}$$

$$\kappa_\infty = A_2 a \tag{2-53}$$

式中，A_1、A_2是与温度、电解质性质、溶剂等因素有关的比例常数；κ_0、κ_t、κ_∞分别为反应开始、进行到t时刻、反应完全时溶液的总电导率。由式（2-51）～式（2-53）三式可得：

$$x = \frac{\kappa_0 - \kappa_t}{\kappa_0 - \kappa_\infty} \times a \tag{2-54}$$

将式（2-54）代入式（2-50）得：

$$k = \frac{1}{ta} \times \frac{\kappa_0 - \kappa_t}{\kappa_t - \kappa_\infty} \tag{2-55}$$

重新排列即得：

$$\kappa_t = \frac{1}{ak} \times \frac{\kappa_0 - \kappa_t}{t} + \kappa_\infty \tag{2-56}$$

因此，以κ_t对$\dfrac{\kappa_0 - \kappa_t}{t}$作图可得一直线，直线的斜率为$1/(ak)$，由此可求出$k$。

用相同的方法测出该反应在不同温度T_1和T_2下进行的速率常数$k_1(T_1)$和$k_2(T_2)$，根据 Arrhenius 公式：

$$\ln \frac{k_2(T_2)}{k_1(T_1)} = \frac{E_a}{R} \times \frac{T_2 - T_1}{T_1 T_2} \tag{2-57}$$

即可求算出该反应的活化能E_a。

三、仪器与试剂

DDS-307A 型或 DDS-11A 型电导率仪（附 DIS-1C 型铂黑电极）1台、恒温水槽1套、混合反应器2个、10.0mL 移液管3支、0.5mL 刻度吸量管1支（公用）、100.0mL 容量瓶2个（公用）、洗耳球1个、铁架台及铁夹各1个、100.0mL 和 800.0mL 烧杯各1个。

0.02mol/L 氢氧化钠标准溶液（此浓度仅为大概值，具体数值需在实验前准确标定）、乙酸乙酯（分析纯）、新鲜去离子水或煮沸蒸馏水、吸水纸。

说明：（1）如图 2-38 所示，在混合反应器1池上的橡皮塞上安装一段玻璃管，实现混合液体时洗耳球与橡皮塞的软连接，可以达到很高的气密性。玻璃管上端连有长 5.0～10.0cm 的乳胶管，并配有张力止水夹。该止水夹用于夹住乳胶管，起到密封作用，使大部分液体留在2池里，充分浸泡电导电极。

（2）混合反应器2池所用的橡皮塞需在打孔后切开一半，把电导电极上缘卡在孔内，可防止电导电极铂黑端触碰橡皮塞，切开的裂缝又可以平衡管内外的压力。

四、实验步骤

1. 仪器的装配与调节

装配恒温槽，调节恒温槽温度为T_1（K）（可根据室温而定）。预热电导率仪。

2. 溶液的配制

配制 100.0mL 与氢氧化钠标准溶液同浓度的乙酸乙酯溶液。乙酸乙酯的密度根据下式计算：

$$\rho/(g/L) = 924.54 - 1.168 \times (t/℃) - 1.95 \times 10^{-3}(t/℃)^2$$

配制方法如下：在 100.0mL 容量瓶中装入 2/3 体积的水，用 0.5 mL 刻度吸量管吸取所需乙酸乙酯的体积，滴入容量瓶中，加水至刻度，混匀待用。

3. 电导率的测量

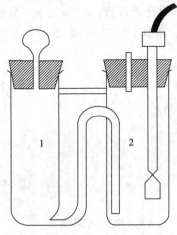

图 2-38　混合反应器示意图

（1）测 κ_0　将一只干燥、洁净的混合反应器（见图 2-38）置于恒温槽中，用 10.0mL 移液管移取 10.0mL NaOH 标准溶液放置于 1 池中，再用另一只 10.0mL 移液管移取 10mL 新鲜去离子水放置于 2 池中，将洁净、干燥的电导电极插入 2 池中（电极头部应浸入溶液），恒温 15.0min 后，用洗耳球使 1、2 池中的溶液充分混匀（吹、吸重复混合 3～5 次以上，直到电导率数字不再有明显的变化，表示溶液已混合均匀），用电导率仪测定上述已恒温的 NaOH 水溶液的电导率 κ_0。

（2）测 κ_t　将另一个干燥、洁净的混合反应器置于恒温槽中，用 10.0mL 移液管移取 10.0mL NaOH 标准溶液于 1 池中，再用另一只 10.0mL 移液管移取 10.0mL 乙酸乙酯溶液于 2 池中，将电导电极插入 2 池中，恒温 15.0min 后，混合两溶液，同时开启停表，记录反应时间（注意停表一经打开切勿按停，直至全部实验结束）。当反应进行到 6.0min、9.0min、12.0min、15.0min、20.0min、25.0min、30.0min 时各测电导率一次，记录电导率 κ_t 及时间 t。

调节恒温槽温度为 T_2（$T_2 = T_1 + 10.0$K），重复上述步骤测定其 κ_0 和 κ_t，但测定 κ_t 的时间为 6.0min、8.0min、10.0min、12.0min、15.0min、18.0min、21.0min、24.0min。

4. 结束实验

实验结束后，关闭仪器电源，拔掉电源插头。取出电极淋洗干净后浸泡在蒸馏水中。弃去反应器中的溶液，洗净用过的所有玻璃仪器。做好清洁归位工作。

五、数据记录与处理

实验日期：＿＿＿＿＿＿＿＿＿＿＿；仪器编号：＿＿＿＿＿＿＿＿＿＿＿

室温：＿＿＿＿＿＿＿＿＿＿＿；大气压＿＿＿＿＿＿＿＿＿＿＿

同组成员名单：＿＿＿＿＿＿＿＿＿＿＿＿＿＿＿＿＿＿＿

（1）将相关数据列于下表。

$T_1 =$	$\kappa_0^{T_1} =$		$T_2 =$	$\kappa_0^{T_2} =$	
t/min	κ_t/(mS/cm)	$\dfrac{\kappa_0 - \kappa_t}{t}$	t/min	κ_t/(mS/cm)	$\dfrac{\kappa_0 - \kappa_t}{t}$

（2）绘制 κ_t - $\dfrac{\kappa_0 - \kappa_t}{t}$ 图。

（3）计算反应的速率常数 k。

(4) 计算反应的活化能 E_a。

六、思考题

(1) 如果 NaOH 和 $CH_3COOC_2H_5$ 起始浓度不相等，试问应怎样计算 k 值？

(2) 如果 NaOH 与 $CH_3COOC_2H_5$ 溶液为浓溶液，能否用此法求 k 值？为什么？

(3) 配制乙酸乙酯溶液时，为什么在容量瓶中要先加入部分蒸馏水？

(4) 为什么反应开始时要尽可能快、尽可能完全地使两种溶液混合？

(5) 根据式(2-55)，若作 $\dfrac{\kappa_0-\kappa_t}{\kappa_t-\kappa_\infty}$-$t$ 图或 κ_t-$(\kappa_t-\kappa_\infty)t$ 图也可得到直线，从所得直线的斜率也可求算 k，但还需要 κ_∞ 的数据，试设想如何通过实验直接测得 κ_∞？

七、注意事项

(1) 控温器在升温过程中要注意加热功率先大后小，防止超过设定温度。

(2) 温度的变化会严重影响反应速率，因此一定要保证恒温时间。

(3) 本实验所用的蒸馏水需事先煮沸，待冷却后使用，以免溶有 CO_2 致使 NaOH 溶液浓度发生变化。

(4) 不要敞口放置 NaOH 溶液，配好的 NaOH 溶液需装配碱石灰吸收管，以防吸收空气中的 CO_2 改变溶液浓度。

(5) 反应过程中反应器应有胶塞覆盖，防止实验过程中溶液水分蒸发（超过室温，加快蒸发），影响反应溶液浓度。

(6) 为使 NaOH 溶液与 $CH_3COOC_2H_5$ 溶液混合均匀，需使两溶液在混合器中多次来回往复。混合过程既要快速使反应液充分混合均匀，又要小心谨慎，不要将混合液挤出混合器。

(7) 测定 T_1、T_2 的 κ_0 时，溶液均需临时配制。

(8) 所用 NaOH 溶液和 $CH_3COOC_2H_5$ 溶液浓度必须相等。

(9) $CH_3COOC_2H_5$ 溶液须使用时临时配制，因为该稀溶液会缓慢水解（$CH_3COOC_2H_5+H_2O \Longleftrightarrow CH_3COOH+C_2H_5OH$），影响 $CH_3COOC_2H_5$ 的浓度，且水解产物（CH_3COOH）又会部分消耗 NaOH。在配制 $CH_3COOC_2H_5$ 溶液时，因 $CH_3COOC_2H_5$ 易挥发，配制时可预先在容量瓶中放入适量新鲜去离子水。

(10) 更换反应液时，需要将电导电极用去离子水淋洗干净，并用吸水纸小心吸干电极上的水（注意不能用吸水纸直接擦拭电导电极上镀有铂黑的部分，防止损坏电极）。

(11) 乙酸乙酯皂化反应是吸热反应，混合后体系温度会降低，所以在混合后的起始几分钟内所测溶液的电导率偏低，因此最好在反应 4.0～6.0min 后开始测量，否则，由 κ_t-$\dfrac{\kappa_0-\kappa_t}{t}$ 图得到的是一抛物线，而不是直线。

实验十六 溶胶的制备及电泳

一、实验目的

(1) 掌握电泳法测定 $Fe(OH)_3$ 溶胶电动电势的原理和方法。

（2）掌握 $Fe(OH)_3$ 溶胶的制备及纯化方法。

（3）明确求算 ζ 公式中各物理量的意义。

二、实验原理

溶胶的制备方法可分为分散法和凝聚法。分散法是用适当方法把较大的物质颗粒变为胶体大小的质点；凝聚法是先制成难溶物的分子（或离子）的过饱和溶液，再使之相互结合成胶体粒子而得到溶胶。$Fe(OH)_3$ 溶胶的制备是采用化学法即通过化学反应使生成物呈过饱和状态，然后粒子再结合成溶胶，其结构式可表示为 $\{m[Fe(OH)_3]nFeO^+(n-x)Cl^-\}^{x+}xCl^-$。

制成的胶体体系中常有其他杂质存在，影响其稳定性，因此必须纯化。常用的纯化方法是半透膜渗析法。

在胶体分散体系中，胶体本身的电离或胶粒对某些离子的选择性吸附，使胶粒的表面带有一定的电荷。在外电场作用下，胶粒向异性电极定向泳动，这种胶粒向正极或负极移动的现象称为电泳。荷电的胶粒与分散介质间的电势差称为电动电势，用符号 ζ 表示，电动电势的大小直接影响胶粒在电场中的移动速度。原则上，任何一种胶体的电泳现象都可以用来测定电动电势，其中最方便的是用电泳现象中的宏观法来测定，也就是通过观察溶胶与另一种不含胶粒的导电液体的界面在电场中的移动速度来测定电动电势。电动电势 ζ 与胶粒的性质、介质成分及胶体的浓度有关。在指定条件下，ζ 的数值可根据亥姆霍兹方程式计算，即

$$\zeta = \frac{K\pi\eta u}{DH}(静电单位)$$

或

$$\zeta = \frac{K\pi\eta u}{DH} \times 300 (V) \tag{2-58}$$

式中，K 为与胶粒形状有关的常数（对于球形胶粒 $K=6.0$，棒形胶粒 $K=4.0$，在实验中均按棒形胶粒看待）；η 为介质的黏度，$P(1P=0.1Pa\cdot s)$；D 为介质的介电常数；u 为电泳速度，cm/s；H 为电位梯度，即单位长度上的电位差。

$$H = \frac{E}{300L}(静电单位/cm) \tag{2-59}$$

式中，E 为外电场在两极间的电位差，V；L 为两极间的距离，cm；300 为将伏特表示的电位改成静电单位的转换系数。把式(2-59)代入式(2-58)得：

$$\zeta = \frac{4\pi\eta Lu 300^2}{DE}(V) \tag{2-60}$$

由式(2-60)知，对于一定溶胶而言，若固定 E 和 L 测得胶粒的电泳速度（$u=d/t$，d 为胶粒移动的距离，t 为通电时间），就可以求算出 ζ 电位。

三、仪器与试剂

$Fe(OH)_3$ 胶体、KCl 辅助溶液、电泳管、直尺、电泳仪、医用透析器。

说明：我们使用医用透析器纯化胶体，像做人工透析一样，用纯净水把制备的胶体中的 Cl^- 和 H^+ 透析掉（纯化），可以得到非常纯的胶体，使电泳现象快速明显呈现。

四、实验步骤

（1）将电泳实验的主要设备、仪器和仪表等按图 2-39 装配。

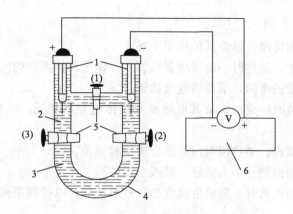

图 2-39　电泳装置图
1—Pt电极；2—HCl溶液；3—溶胶；4—电泳管；
5—活塞；6—可调直流稳压电源

（2）洗净电泳管，然后在电泳管中加入 50.0mL 的 $Fe(OH)_3$ 胶体溶液，用滴管将 KCl 辅助溶液沿电泳管壁缓慢加入，以保持胶体与辅助溶液分层明显（注意电泳管两边必须加入等量的辅助溶液）。

（3）辅助溶液加至高出胶体 10.0cm 时即可，此时插入两个铂电极，将电泳管比较清晰的一极插入阴极中，另一端插入阳极中。测量两电极之间的距离。

（4）打开电泳仪，将电压设置为 100.0V。

（5）将电泳仪置于工作位置，同时计时，每 10.0min 记一次界面高度。

（6）测量 7 个点后停止实验，关闭电泳仪开关，用细绳测量电极两端的距离，测三次，记录数据。

（7）抛弃电泳管中的试液，并冲洗干净。

五、数据及处理记录

电压：_____ V；实验温度：_____ ℃

两极间距离 L：_____ cm

时间/min	5	10	15	20	25	30	35
位移/cm							

依据式(2-60)和已知的 η 和 D 就可算出 ζ 电位。

六、思考题

（1）本实验中所用的 KCl 溶液的电导率为什么必须和所测溶胶的电导率相等或尽量接近？

（2）电泳的速度与哪些因素有关？

（3）在电泳测定中如不用辅助液体，把两电极直接插入溶胶中会发生什么现象？

（4）溶胶胶粒带何种符号的电荷？为什么它会带此种符号的电荷？

七、注意事项

（1）电泳测定管须洗净，以免其他离子干扰。

（2）向电泳管中注入胶体时一定要缓缓地加入，保证胶体界面的清晰。

（3）注意胶体所带的电荷，不要将电极插错。

（4）在选取辅助液时一定要保证其电导率与胶体电导率相同。本实验选取的是 KCl 作为辅助液。

（5）每次时间要精确，避免因时间不准造成实验误差。

（6）观察界面时应由同一个人观察，以减小误差。

（7）量取两电极的距离时，要沿电泳管的中心线量取，电极间距离的测量须尽量精确。

第三章
综合性设计实验

综合性设计实验要求及成绩评定标准：

（1）提前一周将实验设计方案和所需要的试剂、仪器交给指导教师。得到指导教师同意方可进行，实验时小组之间不得相互交流。

（2）制定设计实验成绩评定标准，包括查阅资料、方案设计、实验方法、环境保护、实验操作、实验结果、协作精神、实验安排、创新内容、清洁安全和实验报告。

Ⅰ 物理化学实验

实验一 液体燃烧热和苯共振能的测定

一、实验目的

（1）设计一至两种实验方法，利用氧弹量热计测量液体的燃烧热。

（2）测定苯、环己烯和环己烷的燃烧热，求算苯分子的共振能。

二、实验原理

苯、环己烯和环己烷三种分子都含有碳六元环，环己烯和环己烷的燃烧热 ΔH 的差值 ΔE 与环己烯上的孤立双键结构有关，它们之间存在下述关系：

$$|\Delta E| = |\Delta H_{环己烷}| - |\Delta H_{环己烯}| \tag{3-1}$$

如将环己烷与苯的经典定域结构相比较，两者燃烧热的差值似乎应等于 $3|\Delta E|$，事实证明：$|\Delta H_{环己烷}| - |\Delta H_{苯}| > 3|\Delta E|$

显然，这是因为共轭结构导致苯分子的能量降低，其差额正是苯分子的共轭能 E，即满足：

$$|\Delta H_{环己烷}|-|\Delta H_{苯}|-3|\Delta E|=E \tag{3-2}$$

将式（3-1）代入式（3-2），再根据 $\Delta H=Q_p=Q_V+\Delta nRT$，经整理可得到苯的共振能与恒容燃烧热的关系式：

$$E=3|Q_{V,环己烯}|-2|Q_{V,环己烷}|-|Q_{V,苯}| \tag{3-3}$$

也可以通过测定其他物质的燃烧热来求算苯的共振能，如邻苯二甲酸酐、四氢邻苯二甲酸酐和六氢邻苯二甲酸酐都是可选用的物质，而且因它们都是固体，测定更为方便。

三、仪器试剂

氧弹量热计 1 套、氧气钢瓶（带氧气表）1 套、台秤 1 台、电子天平（0.0001g）1 台。苯、环己烯、环己烷。

四、实验要求

（1）查阅 2～3 篇相关文献，了解共振能的知识和实验测定方法。

（2）根据本实验提供的仪器与药品等，设计出两种以上测定液体燃烧热的方法，并对两种方法的优缺点进行比较。

实验二　反应热的测定

一、实验目的

（1）掌握有关热化学实验的一般知识和技术。

（2）掌握量热法、平衡浓度法、电动势法测定反应热的原理。

（3）学会测定下列反应的反应热。

二、实验原理

$$CH_3OH(l)+\frac{3}{2}O_2(g)\xlongequal{\quad\quad}CO_2(g)+2H_2O(g)$$

$$\frac{3}{2}H_2(g)+\frac{1}{2}N_2(g)\xlongequal{\quad\quad}NH_3(g)$$

$$Ag(s)+HCl(aq)\xlongequal{\quad\quad}AgCl(s)+\frac{1}{2}H_2(g)$$

1. 对于反应 $CH_3OH(l)+\dfrac{3}{2}O_2(g)\xlongequal{\quad\quad}CO_2(g)+2H_2O(g)$

用氧弹量热计测出 $CH_3OH(l)$ 的燃烧热 Q_V；

用 $Q_p=Q_V+nRT$ 算出 Q_p；

用测定水的饱和蒸气压的方法测出水的汽化热，反应热即为 Q_p 与汽化热之和。

2. 对于反应 $\dfrac{3}{2}H_2(g) + \dfrac{1}{2}N_2(g) = NH_3(g)$

用测平衡常数的方法测反应热，即测定在指定温度下反应达到平衡时各物的平衡浓度，其值可通过硫酸吸收氨并用碱回滴而得，由各物的平衡浓度算出平衡常数 K_p。

测出不同温度下的 K_p。

用 $\dfrac{\mathrm{d}\ln K_p}{\mathrm{d}T} = \dfrac{\Delta H}{RT^2}$ 算出反应热 ΔH。

3. 对于反应 $Ag(s) + HCl(aq) = AgCl(s) + \dfrac{1}{2}H_2(g)$

（1）用对消法测下列电池的电动势：

$Pt, H_2(p^{\ominus}) | HCl(aq) | AgCl\text{-}Ag$

（2）测定不同温度下电池的电动势，并求出 $\left(\dfrac{\partial E}{\partial T}\right)_p$；

（3）用 $\Delta H = -nFE + nFT\left(\dfrac{\partial E}{\partial T}\right)_p$，算出反应热 ΔH。

三、实验要求

（1）实验仪器与试剂；

（2）实验步骤；

（3）数据处理过程；

（4）注意事项。

实验三　NaCl 在 H₂O 中活度系数测定的研究

一、实验目的

（1）了解电导法测定电解质溶液活度系数的原理。

（2）了解电导率仪的基本原理并熟悉使用方法。

二、实验原理

由 Debye-Hückel 公式

$$\lg f_{\pm} = -\frac{A|Z_+ Z_-|\sqrt{I}}{1 + Ba\sqrt{I}} \tag{3-4}$$

和 Osager-Falkenhangen 公式

$$\lambda = \lambda_0 - \frac{(B_1\lambda_0 + B_2)\sqrt{I}}{1 + Ba\sqrt{I}} \tag{3-5}$$

可以推出公式

$$\lg f_{\pm} = \frac{A|Z_+ Z_-|}{B_1\lambda_0 + B_2}(\lambda - \lambda_0) \tag{3-6}$$

令 $a = \dfrac{A \, |Z_+ Z_-|}{B_1 \lambda_0 + B_2}$ ，则 $\lg f_\pm = a(\lambda - \lambda_0)$ （3-7）

其中，$A = \dfrac{1.8246 \times 10^6}{(\varepsilon T)^{3/2}}$；$B_1 = \dfrac{2.801 \times 10^6 \, |Z_+ Z_-| \, q}{(\varepsilon T)^{3/2}(1 + \sqrt{q})}$；$B_2 = \dfrac{41.25(|Z_+| + |Z_-|)}{\eta (\varepsilon T)^{1/2}}$；$\varepsilon$ 为

溶剂的介电常数；η 为溶剂的黏度；T 为热力学温度；λ_0 为电解质无限稀释摩尔电导率；I

为溶液的离子强度；$q = \dfrac{|Z_+ Z_-|}{|Z_+| + |Z_-|} \times \dfrac{L_+^0 + L_-^0}{|Z_-|L_+^0 + |Z_+|L_-^0}$；$L_+^0$、$L_-^0$ 分别为正、负离子的

无限稀释摩尔电导率；Z_+、Z_- 分别为正、负离子的电荷数。

对于实用的活度系数（电解质正、负离子的平均活度系数）$\gamma_\pm$ 则有：$f_\pm = \gamma_\pm (1 + 0.001\nu m M)$

所以 $\qquad\qquad \lg \gamma_\pm = \lg f_\pm - \lg(1 + 0.001\nu m M)$

即 $\qquad\qquad \lg \gamma_\pm = a(\lambda - \lambda_0) - \lg(1 + 0.001\nu m M)$ （3-8）

其中，M 为溶剂的摩尔质量，g/mol；ν 为一个电解质分子中所含正、负离子数目的总和，即 $\nu = \nu_+ + \nu_-$；m 为电解质溶液的质量摩尔浓度，mol/kg。

注意：式（3-8）只适用于非缔合式电解质溶液且浓度在 0.1mol/kg 以下。

根据公式 $\lambda = (\kappa_{液} - \kappa_{剂}) \times 10^{-3} / c$ 求 NaCl 的摩尔电导率 λ，c 为电解质溶液的浓度。

三、实验要求

此实验只做 298.0K 时 NaCl 浓度为 0.01mol/kg；$m \approx c$，请设计此实验。

（1）实验仪器与试剂；

（2）实验步骤；

（3）数据处理过程；

（4）注意事项。

实验四 　从废液（乙醇+环己烷）中回收精制环己烷

一、实验目的

（1）从实验室废液中回收精制环己烷，计算环己烷的收率、纯度。

（2）回收精制乙醇，并计算收率、纯度。

二、实验原理

1. 实验背景

化学是一门以实验为基础的学科，在化学实验过程中，产生或释放的有毒、有害物质不可避免地对环境造成污染。目前，大部分化学实验室都是一个环境的污染源，大量的废水、废气、废渣等未经处理就直接排放到了下水道或散发到了大气中。传统的化学工业给环境带来的污染已十分严重，目前全世界每年产生的有害废物达 3 亿～4 亿吨，给环境造成危害，并威胁着人类的生存。严峻的现实使得各国必须寻找一条不破坏环境、不危害人类生存的可

持续发展的道路。因此，如何减少化学实验污染，使绿色化学成为化学教学的一个重要组成部分，是当前化学教育面临的一个崭新的课题。

2. 提取原理

常温下，环己烷、乙醇均为易挥发的可燃性液体，学生实验中用量较大，实验之后成为环己烷、乙醇混合废液。根据此两种物质的特性，显然，混合废液不宜直接倒掉，故应全部回收。环己烷、乙醇属完全互溶物系，其正常沸点分别为 80.75℃、78.37℃，只相差约 2.0℃，因此，普通的蒸馏方法不能将两者分开。

从图 3-1 可以看出乙醇、环己烷能形成恒沸物（恒沸点 64.90℃，乙醇 30.5%，环己烷 69.5%），因此用精馏的方法不能将其完全分离。乙醇在结构上与水相似，它们都含有羟基，彼此间易形成氢键，能以任意比例混溶，而环己烷与水不互溶。据此，可以用萃取精馏的方法精制环己烷，并用分馏和 CaO 脱水法精制乙醇。

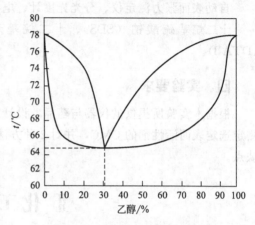

图 3-1　乙醇-环己烷二元系相图

3. 萃取剂的选择

萃取精馏的关键是选择适宜的萃取剂，以改变原来待分离组分间的挥发度。

三、实验要求

（1）实验仪器与试剂；
（2）实验步骤；
（3）数据处理过程；
（4）注意事项。

实验五　表面活性剂溶液临界胶束浓度的测定

一、实验目的

（1）了解表面活性剂溶液临界胶束浓度（CMC）的定义及常用测定方法。
（2）设定两种或两种以上实验方法测定表面活性剂溶液的 CMC。
（3）配制简单的洗涤剂，并探讨临界胶束浓度与洗涤剂洗涤能力的关系。

二、实验原理

凡能显著改变体系表面（或界面）状态的物质都称为表面活性剂。由于表面活性剂分子的双亲结构特点，有自水中逃离水相而吸附于界面上的趋势，但当表面吸附达到饱和后，浓度再增加，表面活性剂分子无法再在表面上进一步吸附，这时为了降低体系的能量，活性剂分子会相互聚集，形成胶束。开始明显形成胶束的浓度称为临界胶束浓度（CMC）。表面活性剂溶液的许多性质在 CMC 附近发生突变，可以此来确定 CMC，所以测定 CMC 的方法有很多，比如：表面张力法、电导法、折射率法和染料增溶法等。

三、仪器与试剂

自动表面张力测定仪、分光光度计、电导率仪、折光仪。

十二烷基硫酸钠（SDS）、十二烷基苯磺酸钠（SDBS）、十二烷基三甲基溴化铵（DTAB）。

四、实验要求

根据本实验所提供的仪器与药品，设计出 2 种以上测定 CMC 的实验方法，用这些方法测定选定表面活性剂的 CMC，并对 2 种方法测得的数据进行比较，据此分析 2 种方法的优缺点。

Ⅱ 化工原理实验

在化工生产中，流体输送、传热、传质以及许多化学反应都是在流体流动下进行的。研究流体流动状态对化工生产的单元操作极其重要。因此，化工设计实验选以下流体性质实验。

实验六　伯努利方程式应用

一、实验目的

通过实验验证伯努利方程式。

二、实验要求

（1）熟悉伯努利方程仪的原理和操作技巧。

（2）测量静态时（$u=0$）方程仪 1、2、3、4 的压头值。

（3）分别测量 q_1、q_2（$q_1 \neq q_2 \neq 0$）时伯努利方程仪 1、2、3、4 的压头和流量；

（4）分别测量伯努利方程仪 1、2、3、4 处的管径。

三、实验原理

当流体为理想流体时，单位质量流体能量守恒方程式为：

$$zg + \frac{p}{\rho} + \frac{u^2}{2} = 常数（总机械能）$$

以上方程左侧三项分别表示单位质量流体具有的位能、静压能、动压能。单位都是 J/kg。这三种能量可以相互转换，但总能量守恒。

把上述方程式处理后得下式：

$$z + \frac{p}{\rho g} + \frac{u^2}{2g} = 常数$$

该式左侧三项的单位都是米（m）。说明流体的能量都可以用液柱高表示（单位质量流体的能量——压头）。即三项分别为流体的位压头、静压头、动压头。

当流体为非理想流体，实际流体机械能恒算式——伯努利方程式表达为：

$$z_1 + \frac{p_1}{\rho g} + \frac{u_1^2}{2g} + H = z_2 + \frac{p_2}{\rho g} + \frac{u_2^2}{2g} + \sum H_f$$

其中，H 为外压头，m；$\sum H_f$ 为压头损失，m。上式亦可以写成如下形式：

$$z_1 g + \frac{p_1}{\rho} + \frac{u_1^2}{2} + W = z_2 g + \frac{p_2}{\rho} + \frac{u_2^2}{2} + \sum h_f$$

式中，$\sum h_f = g \sum H_f$，为单位质量的机械能损失，J/kg；$W = gH$，为单位质量流体的外加机械能，J/kg。

四、数据记录与处理

（1）绘制出伯努利方程仪原理示意图。

（2）选择适当的截面和基准水平面，把测量的数据处理后（流量与流速的换算、统一单位等），代入伯努利方程式验算。

（3）讨论。

实验七　管内流体流动类型与雷诺数（流速）的关系

一、实验目的

通过实验认识某一种流体流动类型与流速的关系。

二、实验要求

（1）熟悉并能操作雷诺准数仪。

（2）记录并绘制出不同流速下流体的流动示意图。

（3）记录层流、过渡状态、湍流三种状态下转子流量计的示数和对应的流量。

三、实验原理

流体在管路中的流动状态分为两种类型：层流和湍流，或称滞流和紊流。影响流体流动类型的因素除了流体的流速 u 外，还有管径 d、流体密度 ρ 和流体的黏度 μ。

本实验主要研究的是同一种流体（例如水）在管径、黏度、密度恒定时流速 u 对流体流动类型的影响。d、u、ρ 越大，μ 越小，就越容易从层流转变为湍流。

结论：上述四个因素所组成的复合数群 $\dfrac{du\rho}{\mu}$ 是判断流体流动类型的准则。这个数群称为雷诺数（Reynolds number），用 Re 表示。$Re \leqslant 2000$ 时，流动类型为层流；$Re \geqslant 4000$ 时，流动类型为湍流；$2000 < Re < 4000$ 范围内，流动类型不稳定，这个范围称为过渡区（transition region）。

$$[Re] = \left[\frac{du\rho}{\mu}\right] = \frac{(L)\left(\frac{L}{T}\right)\left(\frac{M}{L^3}\right)}{\frac{M}{(L)(T)}} = L^0 M^0 T^0 = 1$$

注意：上式只表明 Re 的量纲为1。即无论何种单位制，只要 Re 中的各物理量采用同一单位制的单位，所求得的结果的形式必相同——只有数值，没有单位。

四、数据记录与处理

（1）绘制出雷诺准数仪的原理示意图。
（2）利用测定的三组数据（层流、过渡状态、湍流）求算对应的雷诺数。
（3）讨论雷诺数与流体流动类型的关系。

实验八　流体流动阻力的测定

一、实验目的

（1）学习管路阻力损失（h_f）、管路摩擦系数（λ）、管件（阀件）局部阻力系数（ζ）的测定方法，并通过实验了解它们的变化规律，巩固对流体阻力基本理论的认识。

（2）了解与本实验有关的各种流量测量仪表、压差测量仪表的结构特点和安装方式，掌握其测量原理，学会其使用方法。

二、实验原理

实际流体沿直管壁面流过时因黏性引起剪应力，由此产生的阻力损失称为直管阻力损失 h_f。流体流过管件、阀门或突然扩大（缩小）时造成边界层分离，由此产生的阻力称为局部阻力。上述两种阻力的测定原理如下：

1. 直管阻力损失

为了测定流体流过长为 l、内径为 d 的直管的阻力损失，在其两端安装一个 U 形管压差计。在压差计的上、下游取压面 1—1 与 2—2 间列伯努利方程：

$$h_f = gz_1 + \frac{p_1}{\rho} + \frac{u_1^2}{2} - \left(gz_2 + \frac{p_2}{\rho} + \frac{u_2^2}{2}\right) \tag{3-9}$$

对于水平等径直管，有 $z_1 = z_2$、$u_1 = u_2$，所以

$$h_f = \frac{p_1 - p_2}{\rho} \tag{3-10}$$

流体流过直管的压降由压差计测定，即

$$p_1 - p_2 = (\rho_i - \rho)gR \tag{3-11}$$

于是

$$h_f = \frac{(\rho_i - \rho)gR}{\rho} \tag{3-12}$$

因为 $h_f = \lambda \dfrac{l}{d} \times \dfrac{u^2}{2}$，所以在某一流量下摩擦系数可按下式计算：

$$\lambda = \frac{2d(\rho_i - \rho)gR}{lu^2} \tag{3-13}$$

式中，ρ_i、ρ 分别为直管阻力压差计指示剂及流体的密度；R 为 U 形压差计读数。

根据量纲分析，流体在直管内湍流流动时摩擦系数为雷诺数 Re 和管子相对粗糙度（ε/d）的函数，即

$$\lambda = f\left(Re, \frac{\varepsilon}{d}\right) = f\left(\frac{du\rho}{\mu}, \frac{\varepsilon}{d}\right) \tag{3-14}$$

2. 局部阻力

根据局部阻力系数法，流体流过管件或阀门的阻力损失为

$$h'_f = \frac{(p_1 + \rho g z_1) - (p_2 + \rho g z_2)}{\rho} = \frac{(\rho'_i - \rho)gR'}{\rho} = \zeta \frac{u'^2}{2} \tag{3-15}$$

式中，ρ'_i、ρ 分别为局部阻力压差计指示剂及流体的密度；R' 为 U 形压差计读数。

所以，在某一流量下阀件或者管件的局部阻力系数可按下式计算：

$$\zeta = \frac{2(\rho'_i - \rho)gR'}{\rho u'^2} \tag{3-16}$$

根据式（3-12）～式（3-16），实验的组织方法是：在待测的直管段、管件（如大小头、90° 弯头等）或者阀门（如闸阀、球阀等）两端安装 U 形管压差计，在管路下游安装出口阀，在直管段安装流量计，再配以温度计、管件、水槽等部件组成循环管路。

三、实验装置与流程

本实验装置由离心泵、涡轮流量计、水槽、U 形压差计等组成，其流程如图 3-2 所示。

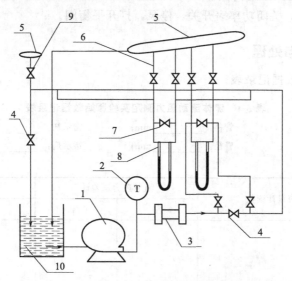

图 3-2 流体流动阻力实验装置

1—离心水泵；2—温度计；3—涡轮流量计；4—阀件或管件；5—排气瓶；
6—测压导管；7—平衡阀；8—U 形压差计；9—排气阀；10—水槽

四、实验步骤

1. 调节仪器

关闭控制阀，打开2个平衡阀，引水、灌泵、放气，关闭功率表，启动泵。

2. 排出管路系统的气体

（1）总管排气：先将控制阀全开，再关闭，如此反复3次，目的是排走总管中的部分气体；然后打开总管排气阀，开启后再关闭，如此反复3次。

（2）引压管排气：开启控制阀，对每个压差计的2个排气阀，先同时开启再同时关闭，共反复3次。

（3）压差计排气：关闭2个平衡阀，对每个压差计的2个排气阀，先同时开启后同时关闭，共反复3次。注意：在开启排气阀时眼睛要注视U形压差计中的指示剂液面，防止指示剂冲出。

3. 检验排气是否彻底

检验方法：将控制阀全开，再全关，观察U形压差计读数。若左右读数相等，则可判断系统排气彻底；若左右读数不等，则重复步骤（2）。

4. 记录数据

（1）由于系统的流量采用涡轮流量计计量，其小流量受到结构的限制，所以从大流量做起，实验数据比较准确。

（2）由于Re在充分湍流区时，λ-Re的关系是水平线，所以在大流量时宜少布点；而Re比较小时，λ-Re的关系是曲线，所以小流量时应多布点。

（3）关闭出口阀，关闭功率表开关，停泵，打开平衡阀。

五、数据记录与处理

填写表3-1原始数据记录表。

表3-1　流体流动阻力测定实验原始数据记录表

直管长度：＿＿＿＿＿m；　　　管径：＿＿＿＿＿mm；　　　指示剂：＿＿＿＿＿

阀门或管件类型：＿＿＿＿＿；　　管径：＿＿＿＿＿mm；　　指示剂：＿＿＿＿＿

水温：＿＿＿＿＿℃

序号	流量计读数	直管阻力压差计		局部阻力压差计	
		左	右	左	右
1					
2					
3					
4					
5					
6					

序号	流量计读数	直管阻力压差计		局部阻力压差计	
		左	右	左	右
7					
8					
9					
10					

六、思考题

(1) 如何选择 U 形压差计的指示剂?

(2) 流量调节阀为何安装在出口处的下端?

(3) 为了确定 λ 与 Re 的函数关系要测定哪些数据?宜选用什么仪器、仪表来测定?

(4) 为什么要进行排气操作?如何排气?为什么操作失误可能将 U 形压差计中的水银冲走?

(5) 不同管径、不同水温下测定的 λ-Re 数据能否关联到一条曲线上,为什么?

(6) 以水为工作流体测定的 λ-Re 曲线能否用于计算空气在直管内的流动阻力,为什么?

(7) 两段管线的管长、管径、相对粗糙度及管内流速均相同,一根水平放置,另一根倾斜放置。流体流过这两段管线的阻力及管子两端的压差是否相同,为什么?

七、注意事项

(1) 排气一定要彻底。

(2) 启动泵前必须关闭引水阀。

(3) 引压管和压差计排气时要同时开关排气阀,注意安全,确保指示剂不从压差计内冲出。

(4) 合理安排实验点。

实验九 强制湍流下空气-水对流给热系数的测定

一、实验目的

(1) 测定套管式换热器的总传热系数 K。

(2) 测定圆形直管内对流给热系数 α,并学会用实验方法将流体在管内强制对流时的实验数据整理成包括 α 的准数方程式。

二、实验原理

1. 测定总传热系数 K

根据传热速率方程式,有

$$K = \frac{Q}{A\Delta t_{\mathrm{m}}} \tag{3-17}$$

实验时，若能测定或确定 Q、Δt_{m} 和 A，则可测定 K。

（1）传热速率 Q　本实验为水与空气间的换热，忽略热损失，根据热量衡算，有

$$Q = q_{mc}c_{pc}(T_1 - T_2) = q_{mh}c_{ph}(t_2 - t_1) \tag{3-18}$$

式中　c_{pc}，c_{ph}——空气和水的比定压热容，J/(kg·K)；

q_{mc}，q_{mh}——空气和水的质量流量，kg/s；

T_1，T_2——空气的进、出口温度，℃；

t_1，t_2——水的进、出口温度，℃。

传热速率 Q 按空气的放热速率计算。空气的质量流量由下式确定：

$$q_{mc} = \rho q_V \tag{3-19}$$

式中　q_V——空气的体积流量，m^3/s；

ρ——空气处于流量计前状态时的密度，$\mathrm{kg/m}^3$。

空气的体积流量用转子流量计测量，空气的密度可按理想气体状态方程计算：

$$\rho = 1.293 \times \frac{p_{\mathrm{a}} + R}{101325} \times \frac{273.15}{273.15 + T} \tag{3-20}$$

式中　p_{a}——当地大气压，Pa；

T——转子流量计前空气的温度，℃；

R——流量计前空气的表压，Pa。

（2）传热平均推动力 Δt_{m}

$$\Delta t_{\mathrm{m}} = \frac{(T_1 - t_2) - (T_2 - t_1)}{\ln \dfrac{T_1 - t_2}{T_2 - t_1}} \tag{3-21}$$

（3）传热面积 A

$$A = \pi d L \tag{3-22}$$

式中　L——传热管长度，m；

d——传热管外径，m。

2. 测定空气与管壁间的对流给热系数

在空气-水换热系统中，若忽略管壁与污垢的热阻，则总传热系数 K 与空气、水侧的对流给热系数 α_{c}、α_{h} 之间的关系为：

$$\frac{1}{K} \approx \frac{1}{\alpha_{\mathrm{h}}} + \frac{1}{\alpha_{\mathrm{c}}} \tag{3-23}$$

由于水侧的对流给热系数远大于空气侧的对流给热系数，即 $\alpha_{\mathrm{c}} \ll \alpha_{\mathrm{h}}$，故

$$\alpha_{\mathrm{c}} \approx K \tag{3-24}$$

3. 求 α 与 Re 的定量关系式

由量纲分析法可知，流体无相变时管内强制湍流给热的准数关联式为

$$Nu = ARe^m Pr^n \tag{3-25}$$

或

$$\frac{\alpha d}{\lambda} = A\left(\frac{du\rho}{\mu}\right)^m \left(\frac{c_p\mu}{\lambda}\right)^n \tag{3-26}$$

式中 u——空气的流速，m/s；

        λ——定性温度下空气的热导率，W/(m·K)；

        ρ——定性温度下空气的密度，kg/m³；

        μ——定性温度下空气的黏度，Pa·s；

A，m，n——待定系数及指数。

     本实验中，由于空气被冷却，取 $n=0.3$，所以式（3-26）可化简为

$$Nu/Pr^{0.3}=ARe^{m} \tag{3-27}$$

     上式两边同时取对数，有

$$\lg(Nu/Pr^{0.3})=\lg A+m\lg Re \tag{3-28}$$

     在双对数坐标中以 $Nu/Pr^{0.3}$ 对 Re 作图，由直线的斜率与截距的值求取系数 A 与指数 m，进而得到对流给热系数 α 与 Re 间的经验公式。

三、实验装置与流程

     本实验装置由套管换热器、风机、电加热器等组成，其流程见图 3-3。由风机送入风管的空气经电加热器加热后，进入套管换热器的内管，与套管环隙内的大量水换热后排至大气中。

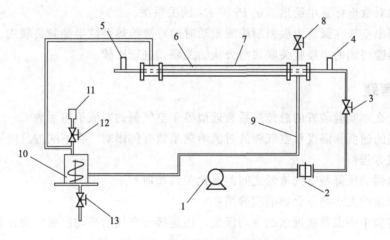

图 3-3   空气-水套管式换热设备流程图

1—风机；2—孔板流量计；3—空气流量调节阀；4—空气入口测温点；5—空气出口测温点；
6—水蒸气入口壁温；7—水蒸气出口壁温；8—不凝性气体放空阀；9—冷凝水回流管；
10—蒸汽发生器；11—补水漏斗；12—补水阀；13—排水阀

四、实验步骤

（1）检查空气流量调节阀是否全关。

（2）打开冷却水流量调节阀，调节水的流量至指定值（水的流量大于 100.0L/h）。

（3）开启风机，打开空气流量调节阀，将流量调至最大；开启两组电加热器，待空气温度升到设定值（一般为 80.0℃）后稳定 10.0min。

（4）保持水的流量不变，从大到小调节空气的流量，测定 6～8 组实验数据。

（5）数据记录完毕后，先关闭电加热器，后关空气流量调节阀，停风机，最后关冷却水流量调节阀。

五、数据记录及处理

空气-水套管换热实验记录如表 3-2 所示。

表 3-2　空气-水套管换热实验记录表

内管规格：_____mm;　　管长：_____m;　　流量计前压差计所用指示剂：_____

室温：_____℃;　　当地大气压：_____Pa

序号	空气流量 /(m³/h)	水流量 /(L/h)	流量计前压差 计读数/cm	温度/℃				
				空气 进口	空气 出口	冷水 进口	冷水 出口	进风 温度
1								
2								
3								
4								
5								
6								

（1）在双对数坐标系中绘出 $Nu/Pr^{0.3}$-Re 的关系图。

（2）整理出空气在圆管中做强制湍流流动时的对流给热系数半经验关联式。

（3）将实验得到的半经验关联式与公认的关联式进行比较。

六、思考题

（1）为什么本实验装置的总传热系数近似等于空气侧的对流给热系数？

（2）空气的速度和温度对空气侧的对流给热系数有何影响？在不同的温度下，是否会得出不同的准数方程？

（3）换热器的压降与空气流量之间的变化关系如何？

（4）水流量的大小会不会影响实验结果？

（5）本实验中壁温是接近水的平均温度，还是接近空气的平均温度？为什么？

七、注意事项

（1）调节空气流量时要做到心中有数，保证空气流动处于湍流状态（空气流量不应低于 12.0 m³/h）。

（2）每改变一次空气流量，应等到读数稳定后再测取数据。

（3）合理分布实验点。

附 录

附录一 水银温度计

水银温度计是膨胀式温度计的一种，是实验室常用的温度计。它的结构简单、价格低廉，具有较高的精确度，直接读数，使用方便；但是易损坏，损坏后无法修理。水银温度计适用范围为 238.15～633.15K（水银的熔点为 234.45K，沸点为 629.85K），如果用石英玻璃作管壁，充入氮气或氩气，最高使用温度可达到 1073.15K。

常用的水银温度计刻度间隔有：2.0K、1.0K、0.5K、0.2K、0.1K 等，与温度计的量程范围有关，可根据测定精度选用。

1. 水银温度计的种类和使用范围

(1) 一般使用 −5.0～105.0℃、150.0℃、250.0℃、360.0℃ 等，每分度 1.0℃ 或 0.5℃。

(2) 供量热学使用的有 9.0～15.0℃、12.0～18.0℃、15.0～21.0℃、18.0～24.0℃、20.0～30.0℃ 等，每分度 0.01℃。

(3) 测温差的贝克曼（Beckmann）温度计，是一种移液式的内标温度计，测量范围 −20.0～150.0℃，专用于测量温差。

(4) 电接点温度计，可以在某一温度点上接通或断开，与电子继电器等装置配套，可以用来控制温度。

(5) 分段温度计，从 −10.0～220.0℃，共有 23 支。每支温度范围 10.0℃，每分度 0.1℃。另外有 −40.0～400.0℃，每隔 50.0℃ 1 支，每分度 0.1℃。

2. 水银温度计的使用方法

使用温度计时，首先要看清它的量程（测量范围），然后看清它的最小分度值，也就是每一小格所表示的值。要选择适当的温度计测量被测物体的温度。测量时温度计的液泡应与被测物体充分接触，且玻璃泡不能碰到被测物体的侧壁或底部。读数时，温度计不要离开被测物体，且眼睛的视线应与温度计内的液面相平。

（1）使用前应进行校验（可以采用标准液温多支比较法进行校验或采用精度更高的温度计校验）。

（2）所测温度不能超过该种温度计的最大刻度值。

（3）温度计有热惯性，应在温度计达到稳定状态后读数。读数时应在温度凸形弯月面的最高切线方向读取，目光直视。

（4）水银温度计应与被测物质流动方向相垂直或呈倾斜状。

（5）水银温度计常常发生水银柱断开的情况，消除方法有以下两种。

① 冷修法：将温度计的测温包插入干冰和酒精混合液中（温度不得超过−38.0℃）进行冷缩，使毛细管中的水银全部收缩到测温包中为止。

② 热修法：将温度计缓慢插入温度略高于测量上限的恒温槽中，使水银断开部分与整个水银柱连接起来，再缓慢取出温度计，在空气中逐渐冷至室温。

附录二 电阻温度计

电阻温度计是利用物质的电阻随温度变化的特性制成的测温仪器。任何物体的电阻都与温度有关，因此都可以用来测量温度。但是，能满足实际要求的并不多。在实际应用中，不仅要求有较高的灵敏度，而且要求有较高的稳定性和重现性。目前，按感温元件的材料来分有金属导体和半导体两大类。金属导体有铂、铜、镍、铁和铑铁合金。目前大量使用的材料为铂、铜和镍。铂制成的为铂电阻温度计，铜制成的为铜电阻温度计，都属于定型产品。半导体有锗、碳和热敏电阻（氧化物）等。

1. 铂电阻温度计

铂容易提纯，化学稳定性高，电阻温度系数稳定且重现性很好。所以，铂电阻与专用精密电桥或电位差计组成的铂电阻温度计，有极高的精确度，被选定为 13.81K（−259.34℃）～903.89K（630.74℃）温度范围的标准温度计。

铂电阻温度计用的纯铂丝，必须经 933.35K（660℃）退火处理，绕在交叉的云母片上，密封在硬质玻璃管中，内充干燥的氦气，成为感温元件，用电桥法测定铂丝电阻。

在 273.0K 时，铂电阻欧姆温度系数大约为 $0.00392\Omega/K$。此温度下电阻为 25.0Ω 的铂电阻温度计，欧姆温度系数大约为 $0.1\Omega/K$，欲使所测温度能准确到 0.001K，测得的电阻值必须精确到 $\pm10^{-4}\Omega$ 以内。

2. 热敏电阻温度计

热敏电阻的电阻值，会随着温度的变化而发生显著的变化，它是一个对温度变化极其敏感的元件。它对温度的灵敏度比铂电阻、热电偶等其他感温元件高得多。目前，常用的热敏电阻由金属氧化物半导体材料制成，能直接将温度变化转换成电性能，如电压或电流的变化，测量电性能变化就可得到温度变化结果。

热敏电阻与温度之间并非线性关系，但当测量温度范围较小时，可近似为线性关系。实验证明，其测定温差的精度足以和贝克曼温度计相比，而且还具有热容量小、响应快、便于自动记录等优点。根据电阻-温度特性可将热敏电阻器分为两类：

（1）具有正温度系数的热敏电阻器（positive temperature coefficient，PTC）。

（2）具有负温度系数的热敏电阻器（negative temperature coefficient，NTC）。

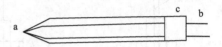

附图 2-1　珠形热敏电阻器示意图

a—用热敏材料做的热敏元；b—引线；c—壳体

热敏电阻器可以做成各种形状，附图 2-1 是珠形热敏电阻器的构造示意图。在实验中可将其作为电桥的一臂，其余三臂为纯电阻（附图 2-2）。其中 R_1、R_2 是固定电阻，R_3 是可变电阻，R_T 为热敏电阻，E 为电源。在某一温度下将电桥调节平衡，记录仪中无电压信号输入，当温度发生变化时，记录笔记录下电压变化，只要标定出记录笔对应单位温度变化时的走纸距离，就能很容易地求得所测温度。实验时应避免热敏电阻的引线受潮漏电，否则将影响测量结果和记录仪的稳定性。

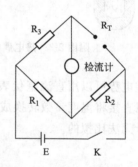

附图 2-2　热敏电阻测温示意图

3. 热电偶温度计

两种不同金属导体构成一个闭合线路，如果连接点温度不同，回路中将会产生一个与温差有关的电势，称为温差电势。这样的一对金属导体称为热电偶，可以利用其温差电势测定温度。热电偶根据材质可分为廉价金属、贵金属、难熔金属和非金属四种，其具体材质、对应组成，使用温度及热电势系数见附表 2-1。

附表 2-1　热电偶基本参数

热电偶类别	材质及组成	新分度号	旧分度号	使用范围/℃	热电势系数/(mV/℃)
廉价金属	铁-康铜		FK	0～+800	0.054
	铜-康铜	T	CK	−200～+300	0.0428
	镍铬 10 考铜		EA-2	0～+800	0.0695
	镍铬-考铜		NK	0～+800	
	镍铬-镍硅	K	EU-2	0～+1300	0.041
	镍铬-镍铝			0～+1100	0.041
贵金属	铂-铂铑 10	S	LB-3	0～+1600	0.0064
	铂铑 30-铂铑 6	B	LL-2	0～+1800	0.00034
难熔金属	钨铼 5-钨铼 20		WR	0～+200	

热电偶的两根材质不同的电偶丝，需要在氧焰或电弧中熔接。为了避免短路，需将电偶丝穿在绝缘套管中。

使用时一般是将热电偶的一个接点放在待测物体中（热端），而将另一端放在储有冰水的保温瓶中（冷端），这样可以保持冷端的温度恒定（附图 2-3）。

为了提高测量精度，需使温差电势增大，为此可将几支热电偶串联（附图 2-4），称为热电堆。热电堆的温差电势等于各个热电偶温差电势之和。

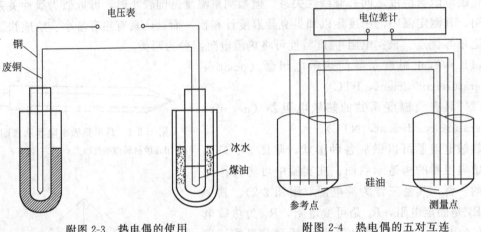

附图 2-3　热电偶的使用　　　　　　　附图 2-4　热电偶的五对互连

温差电势可以用直流毫伏表、电位差计或数字电压表测量。热电偶是良好的温度变换器，可以直接将温度参数转换成电参量，可自动记录和实现复杂的数据处理、控制，这是水银温度计无法比拟的。

附录三　阿贝折射仪

折射率是物质的重要物理常数之一，许多纯物质都具有一定的折射率，如果其中含有杂质则折射率将发生变化，出现偏差，杂质越多，偏差越大。因此通过折射率的测定，可以测定物质的浓度。

1. 阿贝折射仪的构造原理

阿贝折射仪的外形如附图 3-1、附图 3-2 所示。

当一束单色光从介质Ⅰ进入介质Ⅱ（两种介质的密度不同）时，光线在通过界面时改变了方向，这一现象称为光的折射，如附图 3-3 所示。

光的折射现象遵从折射定律：

$$\frac{\sin\alpha}{\sin\beta}=\frac{n_{\mathrm{I}}}{n_{\mathrm{II}}}=n_{\mathrm{I,II}} \tag{1}$$

式中，α 为入射角；β 为折射角；n_{I}、n_{II} 分别为交界面两侧两种介质的折射率；$n_{\mathrm{I,II}}$ 为介质Ⅱ对介质Ⅰ的相对折射率。

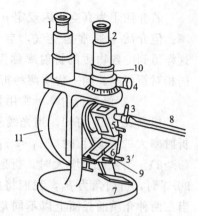

附图 3-1　阿贝折射仪

1—读数目镜；2—测量目镜；3,3′—循环恒温水龙头；4—消色散旋柄；5—测量棱镜；

6—辅助棱镜；7—平面反射镜；8—温度计；9—加液槽；10—校正螺钉；11—刻度盘罩

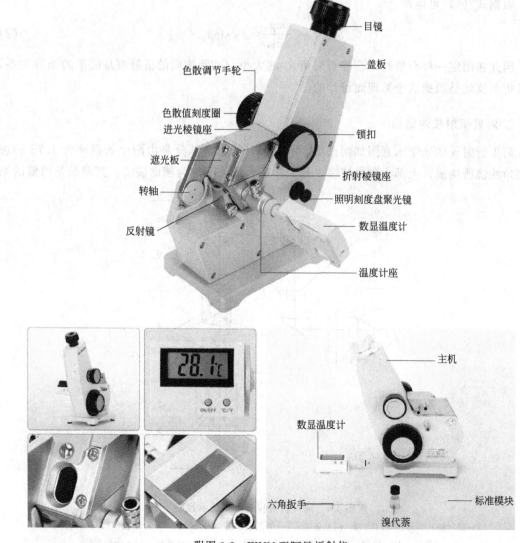

附图 3-2　WYN型阿贝折射仪

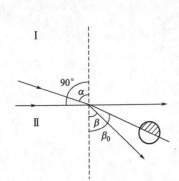

附图 3-3　光的折射

若介质Ⅰ为真空，因规定 $n=1.0000$，故 $n_Ⅰ$ 为绝对折射率。但介质Ⅰ通常为空气，空气的绝对折射率为 1.00029，这样得到的各物质的折射率称为常用折射率，也称作对空气的相对折射率。同一物质两种折射率之间的关系为：

绝对折射率＝常用折射率×1.00029

根据式（1）可知，当光线从一种折射率小的介质Ⅰ射入折射率大的介质Ⅱ时（$n_Ⅰ < n_Ⅱ$），入射角一定大于折射角（$\alpha > \beta$）。当入射角增大时，折射角也增大，设当入射角 $\alpha = 90.0°$ 时，折射角为 β_0，我们将此折射角称为临界角。因此，当在两种介质的界面上以不同角度射入光线时（入射角 α 从 0.0°～90.0°），光线经过折射率大的介质后，其折射角 $\beta \leqslant \beta_0$。其结果是大于临界角的部分无光线通过，成为暗区；小于临界角的部分有光线通过，成为亮区。临界角成为明暗分界线的位置。

根据式（1）可得：

$$n_Ⅰ = n_Ⅱ \frac{\sin\beta_0}{\sin\alpha} = n_Ⅱ \sin\beta_0 \tag{2}$$

因此在固定一种介质时，临界折射角 β_0 的大小与被测物质的折射率是简单的函数关系，阿贝折射仪就是根据这个原理而设计的。

2. 阿贝折射仪的结构

阿贝折射仪的光学示意图如附图 3-4 所示，它的主要部分是由两个折射率为 1.75 的玻璃直角棱镜所构成，上部为测量棱镜，是光学平面镜，下部为辅助棱镜。其斜面是粗糙的毛

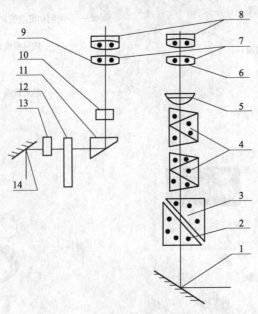

附图 3-4　阿贝折射仪光学系统示意图

1—反射镜；2—辅助棱镜；3—测量棱镜；4—消色散棱镜；5—物镜；6—分划板；7,8—目镜；
9—分划板；10—物镜；11—转向棱镜；12—照明度盘；13—毛玻璃；14—小反光镜

玻璃，两者之间约有 0.1～0.15mm 厚度空隙，用于装待测液体，并使液体展开成一薄层。当从反射镜反射来的入射光进入辅助棱镜至粗糙表面时，产生漫散射，以各种角度透过待测液体，从各个方向进入测量棱镜而发生折射。其折射角都落在临界角 β_0 之内，因为棱镜的折射率大于待测液体的折射率，因此入射角从 0.0°～90.0°的光线都通过测量棱镜发生折射。具有临界角 β_0 的光线从测量棱镜出来反射到目镜上，此时若将目镜十字线调节到适当位置，则会看到目镜上呈半明半暗状态。折射光都应落在临界角 β_0 内，成为亮区，其他部分为暗区，构成了明暗分界线。

根据式（2）可知，只要已知棱镜的折射率 $n_{棱}$，通过测定待测液体的临界角 β_0，就能求得待测液体的折射率 $n_{液}$。实际上测定 β_0 值很不方便，当折射光从棱镜出来进入空气又产生折射，折射角为 β_0'。$n_{液}$ 与 β_0' 之间的关系为：

$$n_{液} = \sin r \sqrt{n_{棱}^2 - \sin^2 \beta_0'} - \cos r \sin^2 \beta_0'$$

（3）

式中，r 为常数；$n_{棱} = 1.75$。测出 β_0' 即可求出 $n_{液}$。因为在设计折射仪时已将 β_0' 换算成 $n_{液}$ 值，故从折射仪的标尺上可直接读出液体的折射率。

在实际测量折射率时，我们使用的入射光不是单色光，而是使用由多种单色光组成的普通白光，因不同波长的光的折射率不同而产生色散，在目镜中看到一条彩色的光带，而没有清晰的明暗分界线，为此，在阿贝折射仪中安置了一套消色散棱镜（又叫补偿棱镜）。通过调节消色散棱镜，使测量棱镜出来的色散光线消失，明暗分界线清晰，此时测得的液体的折射率相当于用单色光钠光 D 线（589.0nm）所测得的折射率 n_D。

3. 阿贝折射仪的使用方法

（1）仪器安装：将阿贝折射仪安放在光亮处，但应避免阳光的直接照射，以免液体试样受热迅速蒸发。用超级恒温槽将恒温水通入棱镜夹套内，检查棱镜上温度计的读数是否符合要求［一般选用（20.0±0.1）℃或（25.0±0.1）℃］。

（2）加样：旋开测量棱镜和辅助棱镜的闭合旋钮，使辅助棱镜的磨砂斜面处于水平位置，若棱镜表面不清洁，可滴加少量丙酮，用擦镜纸顺单一方向轻擦镜面（不可来回擦）。待镜面洗净干燥后，用滴管滴加数滴试样于辅助棱镜的毛镜面上，迅速合上辅助棱镜，旋紧闭合旋钮。若液体易挥发，动作要迅速，或先将两棱镜闭合，然后用滴管从加液孔中注入试样（注意切勿将滴管折断在孔内）。

（3）调光：转动镜筒使之垂直，调节反射镜使入射光进入棱镜，同时调节目镜的焦距，使目镜中十字线清晰明亮。调节消色散补偿器使目镜中彩色光带消失。再调节读数螺旋，使明暗的界面恰好同十字线交叉处重合。

（4）读数：从读数望远镜中读出刻度盘上的折射率数值。常用的阿贝折射仪可读至小数点后的第四位，为了使读数准确，一般应将试样重复测量三次，每次相差不能超过 0.0002，然后取平均值。

4. 阿贝折射仪的使用注意事项

阿贝折射仪是一种精密的光学仪器，使用时应注意以下几点：

（1）使用时要注意保护棱镜，清洗时只能用擦镜纸而不能用滤纸擦拭等。加试样时不能将滴管口触及镜面。对于酸碱等腐蚀性液体不得使用阿贝折射仪。

（2）每次测定时，试样不可加得太多，一般只需加 2～3 滴即可。

（3）要注意保持仪器清洁，保护刻度盘。每次实验完毕，要在镜面上加几滴丙酮，并用擦镜纸擦干。最后用两层擦镜纸夹在两棱镜镜面之间，以免镜面损坏。

（4）读数时，有时在目镜中观察不到清晰的明暗分界线，而是畸形的，这是由于棱镜间未充满液体；若出现弧形光环，则可能是由于光线未经过棱镜而直接照射到聚光透镜上。

（5）若待测试样折射率不在 1.3~1.7 范围内，则阿贝折射仪不能测定，也看不到明暗分界线。

5. 阿贝折射仪的校正和保养

阿贝折射仪的刻度盘的标尺零点有时会发生移动，须加以校正。校正的方法一般是用已知折射率的标准液体，常用纯水。通过仪器测定纯水的折射率，如同该条件下纯水的标准折射率不符，调整刻度盘上的数值，直至相符为止。也可用仪器出厂时配备的折射玻璃来校正，具体方法一般在仪器说明书中有详细介绍。

阿贝折射仪使用完毕后，要注意保养。应清洁仪器，如果光学零件表面有灰尘，可用高级鹿皮或脱脂棉轻擦后，再用洗耳球吹去。如有油污，可用脱脂棉蘸少许汽油轻擦后再用乙醚擦干净。用毕后将仪器放入有干燥剂的箱内，放置于干燥、空气流通的室内，防止仪器受潮。搬动仪器时应避免强烈振动和撞击，防止光学零件损伤而影响精度。

附录四 旋光仪

1. 旋光现象和旋光度

一般光源发出的光，其光波在垂直于传播方向的一切方向上振动，这种光称为自然光，或称非偏振光；而只在一个方向上有振动的光称为平面偏振光。当一束平面偏振光通过某些物质时，其振动方向会发生改变，此时光的振动面旋转一定的角度，这种现象称为物质的旋光现象，这种物质称为旋光物质。旋光物质使偏振光振动面旋转的角度称为旋光度。尼柯尔（Nicol）棱镜就是利用旋光物质的旋光性而设计的。

2. 旋光仪的构造原理和结构

旋光仪的主要元件是两块尼柯尔棱镜。尼柯尔棱镜是由两块方解石直角棱镜沿斜面用加拿大树脂黏合而成，如附图 4-1 所示。

当一束单色光照射到尼柯尔棱镜时，分解为两束相互垂直的平面偏振光，一束折射率为 1.658 的寻常光，一束折射率为 1.486 的非寻常光，这两束光线到达加拿大树脂黏合面时，折射率大的寻常光（加拿大树脂的折射率为 1.550）被全反射到底面上的墨色涂层而被吸收，而折射率小的非寻常光则通过棱镜，这样就获得了一束单一的平面偏振光。用于产生平面偏振光的棱镜称为起偏镜，如让起偏镜产生的偏振光照射到另一个透射面与起偏镜透射面平行的尼柯尔棱镜，则这束平面偏振光也能通过第二个棱镜，如果第二个棱镜的透射面与起偏镜的透射面垂直，则由起偏镜出来的偏振光完全不能通过第二个棱镜。如果第二个棱镜的透射面与起偏镜的透射面之间的夹角 θ 在 $0.0°~90.0°$ 之间，则光线部分通过第二个棱镜，此第二个棱镜称为检偏镜。通过调节检偏镜，能使透过的光线强度在最强和零之间变化。如

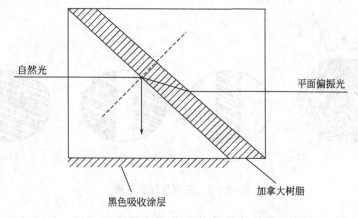

自然光

平面偏振光

黑色吸收涂层

加拿大树脂

附图 4-1　尼柯尔棱镜

果在起偏镜与检偏镜之间放有旋光物质，则由于物质的旋光作用，使来自起偏镜的光的偏振面改变了某一角度，只有检偏镜也旋转同样的角度，才能补偿旋光线改变的角度，使透过的光的强度与原来相同。旋光仪就是根据这种原理设计的，其构造如附图 4-2 所示。

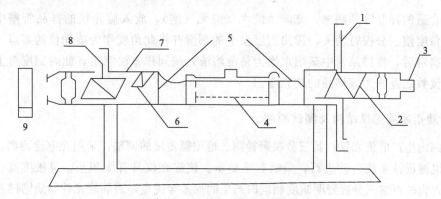

附图 4-2　旋光仪构造示意图

1—目镜；2—检偏棱镜；3—圆形标尺；4—样品管；5—窗口；6—半暗角器件；
7—起偏棱镜；8—半暗角调节；9—灯

　　通过检偏镜用肉眼判断偏振光通过旋光物质前后的强度是否相同是十分困难的，这样会产生较大的误差，为此设计了一种在视野中分出三分视界的装置，原理是：在起偏镜后放置一块狭长的石英片，由起偏镜透过来的偏振光通过石英片时，由于石英片的旋光性，使偏振旋转了一个角度 Φ，通过镜前观察，光的振动方向如附图 4-3 所示。

　　A 是通过起偏镜的偏振光的振动方向，A' 是又通过石英片旋转一个角度后的振动方向，此两偏振方向的夹角 Φ 称为半暗角（$\Phi = 2.0° \sim 3.0°$），如果旋转检偏镜使透射光的偏振面与 A' 平行时，在视野中将观察到：中间狭长部分较明亮，而两旁较暗，这是由于两旁的偏振光不经过石英片，如附图 4-3(b) 所示。如果检偏镜的偏振面与起偏镜的偏振面平行（即在 A 的方向时），在视野中将是：中间狭长部分较暗而两旁较亮，如附图 4-3(a)。当检偏镜的偏振面处于 $\Phi/2$ 时，两旁直接来自起偏镜的光偏振面被检偏镜旋转了 $\Phi/2$，而中间被石英片转过角度 Φ 的偏振面被检偏镜旋转角度 $\Phi/2$，这样中间和两边的光偏振面都被旋转了 $\Phi/2$，故视野呈微暗状态，且三分视野内的暗度是相同的，如附图 4-3(c)，将这一位置作为

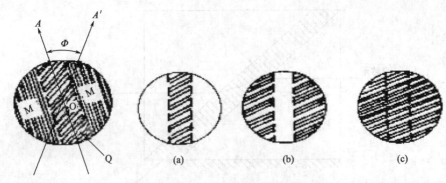

附图 4-3　三分视野示意图

仪器的零点，在每次测定时，调节检偏镜使三分视界的暗度相同，然后读数。

3. 旋光仪的使用方法

首先打开钠光灯，稍等几分钟，待光源稳定后，从目镜中观察视野，如不清楚可调节目镜焦距。

选用合适的样品管并洗净，充满蒸馏水（应无气泡），放入旋光仪的样品管槽中，调节检偏镜的角度使三分视野消失，读出刻度盘上的刻度并将此角度作为旋光仪的零点。

零点确定后，将样品管中蒸馏水换为待测溶液，按同样方法测定，此时刻度盘上的读数与零点时读数之差即为该样品的旋光度。

4. 自动指示旋光仪结构及测试原理

目前国内生产的旋光仪，其三分视野检测、检偏镜角度的调整，采用光电检测器。通过电子放大及机械反馈系统自动进行，最后数字显示。该旋光仪具有体积小、灵敏度高、读数方便、减少人为的观察三分视野明暗度相同时产生的误差等优点，对弱旋光性物质同样适应。

WZZ 型自动数字显示旋光仪，其结构原理如附图 4-4 所示。

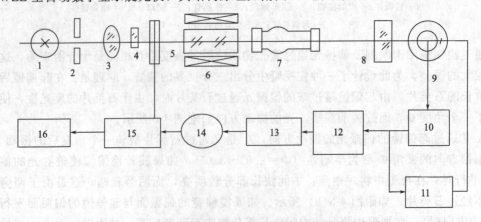

附图 4-4　WZZ 型自动数字显示旋光仪结构原理示意图

1—光源；2—小孔光阑；3—物镜；4—滤光片；5—偏振光；6—磁旋线圈；7—样品室；8—偏振镜；
9—光电倍增管；10—前置放大器；11—自动高压；12—选频放大器；13—功率放大器；
14—伺服电机；15—蜗轮蜗杆；16—计数器

该仪器用 20.0W 钠光灯为光源，并通过可控硅自动触发恒流电源点燃，光线通过聚光镜、小孔光阑和物镜后形成一束平行光，然后经过起偏镜后产生平行偏振光，这束偏振光经过有法拉第效应的磁旋线圈时，其振动面产生 50Hz 的一定角度的往复振动，该偏振光线通过检偏镜透射到光电倍增管上，产生交变的光电信号。当检偏镜的透光面与偏振光的振动面正交时，即为仪器的光学零点，此时出现平衡指示。而当偏振光通过一定旋光度的测试样品时，偏振光的振动面转过一个角度 α，此时光电信号就能驱动工作频率为 50.0Hz 的伺服电机，并通过蜗轮蜗杆带动检偏镜转动 α 角而使仪器回到光学零点，此时读数盘上的示值即为所测物质的旋光度。

附录五　分光光度计

1. 吸收光谱原理

物质中分子内部的运动可分为电子的运动、分子内原子的振动和分子自身的转动，因此具有电子能级、振动能级和转动能级。

当分子被光照射时，将吸收能量引起能级跃迁，即从基态能级跃迁到激发态能级。而三种能级跃迁所需能量是不同的，需用不同波长的电磁波去激发。电子能级跃迁所需的能量较大，一般在 1.0~20.0eV，吸收光谱主要处于紫外及可见光区，这种光谱称为紫外-可见光谱。如果用红外线（能量为 1~0.025eV）照射分子，此能量不足以引起电子能级的跃迁，而只能引发振动能级和转动能级的跃迁，得到的光谱为红外光谱。若以能量更低的远红外线（0.025~0.003eV）照射分子，只能引起转动能级的跃迁，这种光谱称为远红外光谱。由于物质结构不同对上述各能级跃迁所需能量都不一样，因此对光的吸收也就不一样，各种物质都有各自的吸收光带，因而就可以对不同物质进行鉴定分析，这是光度法进行定性分析的基础。

根据朗伯-比耳定律：当入射光波长、溶质、溶剂以及溶液的温度一定时，溶液的光密度和溶液层厚度及溶液的浓度成正比，若液层的厚度一定，则溶液的光密度只与溶液的浓度有关，

$$T = \frac{I}{I_0}, \ E = -\lg T = \lg \frac{1}{T} = \varepsilon c l$$

式中，c 为溶液浓度；E 为某一单色波长下的光密度（又称吸光度）；I_0 为入射光强度；I 为透射光强度；T 为透光率；ε 为摩尔消光系数；l 为液层厚度。

在待测物质的厚度 l 一定时，吸光度与被测物质的浓度成正比，这就是光度法定量分析的依据。

2. 分光光度计的构造原理

当一束复合光通过分光系统，将其分成一系列波长的单色光，任意选取某一波长的光，根据被测物质对光的吸收强弱进行物质的测定分析，这种方法称为分光光度法，分光光度法所使用的仪器称为分光光度计。

分光光度计种类和型号较多，实验室常用的有 72 型、721 型、752 型等。各种型号的分

光光度计的基本结构都相同，由如下五部分组成：①光源（钨灯、卤钨灯、氢弧灯、氙灯、汞灯、氖灯、激光光源）；②单色器（滤光片、棱镜、光栅、全息栅）；③样品吸收池；④检测系统（光电池、光电管、光电信增管）；⑤信号指示系统（检流计、微安表、数字电压表、示波器、微处理机显像管）。光源→单色器→样品吸收池→检测系统→信号指示系统。

在基本构件中，单色器是仪器关键部件。其作用是将来自光源的混合光分解为单色光，并提供所需波长的光。单色器是由入口与出口狭缝、色散元件和准直镜等组成，其中色散元件是关键性元件，主要有棱镜和光栅两类。

（1）棱镜单色器　光线通过一个顶角为 θ 的棱镜，从 AC 方向射向棱镜，如附图 5-1 所示，在 C 点发生折射。光线经过折射后在棱镜中沿 CD 方向到达棱镜的另一个界面上，在 D 点又一次发生折射，最后光在空气中 DB 方向行进。这样光线经过此棱镜后，传播方向从 AA' 变为 BB'，两方向的夹角 δ 称为偏向角。偏向角与棱镜的顶角 θ、棱镜材料的折射率以及入射角 i 有关。如果平行的入射光由 λ_1、λ_2、λ_3 三色光组成，且 $\lambda_1 < \lambda_2 < \lambda_3$，通过棱镜后，就分成三束不同方向的光，且偏向角不同。波长越短、偏向角越大，如附图 5-2 所示 $\delta_1 < \delta_2 < \delta_3$，这即为棱镜的分光作用，又称光的色散，棱镜分光器就是根据此原理设计的。

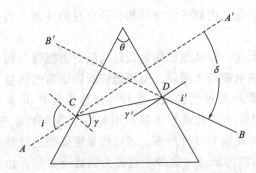

附图 5-1　棱镜的折射

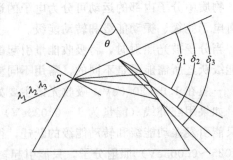

附图 5-2　不同波长的光在棱镜中的色散

棱镜是分光的主要元件之一，一般是三角柱体。由于其构成材料不同，透光范围也就不同，比如，用玻璃棱镜可得到可见光谱，用石英棱镜可得到可见及紫外光谱，用溴化钾（或氯化钠）棱镜可得到红外光谱等。棱镜单色器示意图如附图 5-3 所示。

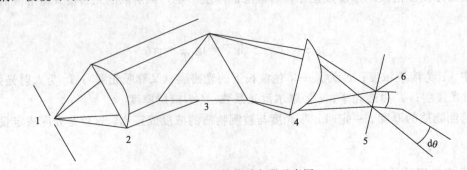

附图 5-3　棱镜单色器示意图

1—入射狭缝；2—准直透镜；3—色散元件；4—聚焦透镜；5—焦面；6—出射狭缝

（2）光栅单色器　单色器还可以用光栅作为色散元件，反射光栅是由磨平的金属表面上刻划许多平行的、等距离的槽构成。辐射由每一刻槽反射，反射光束之间的干涉造成色散。

3. 72型分光光度计

（1）构造原理及结构　72型分光光度计是可见光分光光度计，波长范围为420.0～700.0nm，它由三大部分组成：磁饱和稳压器、光学系统（光源、单色光器和测光机构）、微电计。其光学系统如附图5-4所示。

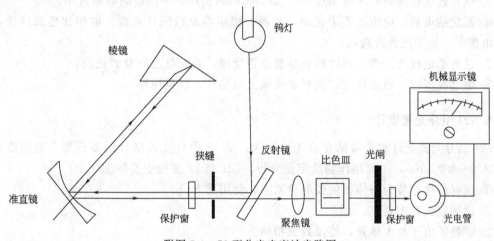

附图5-4　72型分光光度计光路图

72型分光光度计的基本依据是朗伯-比耳定律，它是根据相对测量原理工作的，即先选定某一溶剂作为标准溶液，设定其透光率为100%，被测试样的透光率是相对于标准溶液而言的，即让单色光分别通过被测试样和标准溶液，二者能量的比值就是在一定波长下对于被测试样的透光率。如附图5-4所示，白色光源经入射狭缝、反射镜和透光镜后，变成平行光进入棱镜，色散后的单色光经镀铝的反射镜反射后，再经过透镜并聚光于出射狭缝上，狭缝宽度为0.32nm。反射镜和棱镜组装在一可旋转的转盘上并由波长调节器的凸轮所带动，转动波长调节器便可以在出光狭缝后面选择到任一波长的单色光。单色光透过样品吸收池后由一光量调节器调节为适度的光通量，最后被光电池吸收，转换成电流后由微电计指示，从刻度标尺上直接读出透光率的值。

（2）使用方法

① 在仪器通电前，先检查供电电源与仪器所需电压是否相符，然后再接通电源。

② 把单色器的光闸拨到"黑"点位置，打开微电计开关，指示光点即出现在标尺上，用零位调节器把光点准确调到透光率标尺"0"位上。

③ 打开稳压器及单色器的电源开关，把光闸拨到"红"点位置，按顺时针方向调节光量调节器，使微电计的指示光点达到标尺右边上限附近，10.0min后，等光电池趋于稳定后开始使用仪器。

④ 打开比色皿暗箱盖取出比色皿架，将四只比色皿中的一只装入标准溶液或蒸馏水，其余三只装待测溶液，为便于测量，将标准溶液放入比色皿架的第一格内，然后将比色皿架放入暗箱内固定好，盖好暗箱盖。

⑤ 将光闸重新拨到"黑"点，校正微电计至"0"位，再打开光闸，使光路通过标准溶液，用波长调节器调节所需波长，转动光量调节器把光点调到透光率为"100"的读数上。

⑥ 然后将比色皿拉杆拉出一格，使第二个比色皿的待测溶液进入光路中，此时微电计

111

标尺上的读数即为溶液中溶质的透光率。据此再测定另外两个待测溶液。

（3）注意事项

① 仪器应放置在清洁、干燥、无尘、无腐蚀气体和不太亮的室内，工作台应牢固稳定。

② 在测定溶液的色度不太强的情况下，尽量采用较低的电源电压（5.5V）以便延长光源灯泡的寿命。

③ 仪器连续使用时间不应超过 2h，如要长时间使用，中间应间歇后再用。

④ 测定结束后，应依次关闭光闸、光源、稳压器及检流计电源，取出比色皿洗净，用镜头纸擦干，放于比色皿盒内。

⑤ 注意单色仪的防潮，及时检查硅胶是否受潮，若变红色应及时更换。

⑥ 搬动仪器时，检流计正、负极必须接上短路片，以免损坏。

4. 721 型分光光度计

721 型分光光度计也是可见光分光光度计，是 72 型分光光度计的改进型，适用波长范围 368.0～800.0nm，主要用作物质定量分析。721 与 72 型的主要区别在于：

① 所有部件组装为一体，使仪器更紧凑、使用更方便。

② 适用波长范围更宽。

③ 装备了电子放大装置，使读数更精确。

内部构造和光路系统如附图 5-5、附图 5-6 所示。

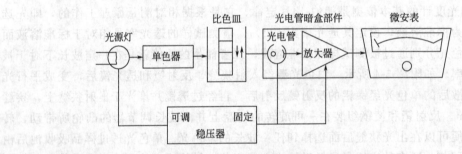

附图 5-5　721 型分光光度计内部结构图

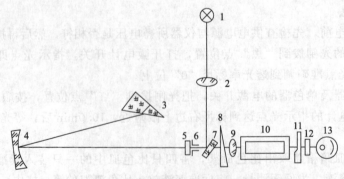

附图 5-6　721 型分光光度计电路和系统示意图

1—光源灯；2—透镜；3—棱镜；4—准直镜；5—保护玻璃；6—狭缝；7—反射镜；8—光阑；

9—聚光透镜；10—比色皿；11—光门；12—光电管；13—保护玻璃

附录六 电导率仪

（一） DDS-11A 型电导率仪

DDS-11A 型电导率仪的测量范围广，可以测定一般液体和高纯水的电导率，操作简便，可以直接从表上读取数据，并有 0.0～10.0mV 信号输出，可接自动平衡记录仪进行连续记录。

1. 测量原理

电导率仪的工作原理如附图 6-1 所示。把振荡器产生的一个交流电压源 E，送到电导池电阻 R_x 与量程电阻（分压电阻）R_m 的串联回路里，电导池里的溶液电导愈大，R_x 愈小，R_m 获得的电压 E_m 也就愈大。将 E_m 送至交流放大器放大，再经过信号整流，以获得推动表头的直流信号输出，表头直读电导率。由附图 6-1 可知：

$$E_m = \frac{ER_m}{R_m + R_x} = ER_m + \left(R_m + \frac{K_{cell}}{\kappa}\right)$$

K_{cell} 为电导池常数，当 E、R_m 和 K_{cell} 均为常数时，电导率 κ 的变化必将引起 E_m 作相应变化，所以测量 E_m 的大小，也就测得溶液电导率的数值。

本机振荡产生低周（约 140.0Hz）及高周（约 1100.0Hz）两个频率，分别作为低电导率测量和高电导率测量的信号源频率。振荡器用变压器耦合输出，因而使信号 E 不随 R_x 变化而改变。因为测量信号是交流电，所以电极极片间及电极引线间均出现了不可忽视的分布电容 C_0（大约 60.0pF），电导池则有电抗存在，这样将电导池视作纯电阻来测量，则存在比较大的误差，特别在 0.0～0.1μS/cm 低电导率范围内，此项影响较显著，需采用电容补偿消除，其原理如附图 6-2 所示。

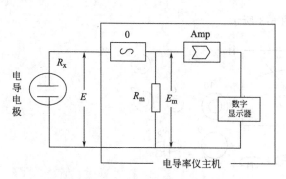

附图 6-1 电导率仪测量原理图

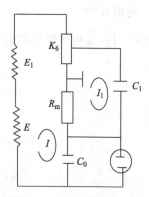

附图 6-2 电容补偿原理图

信号源输出变压器的次极有两个输出信号 E_1 及 E，E_1 作为电容的补偿电源。E_1 与 E 的相位相反，所以由 E_1 引起的电流 I_1 流经 R_m 的方向与测量信号 I 流过 R_m 的方向相反。测量信号 I 中包括通过纯电阻 R_x 的电流和流过分布电容 C_0 的电流。调节 K_6 可以使 I_1 与

流过 C_0 的电流振幅相等，使它们在 R_m 上的影响大体抵消。

2. 测量范围

（1）测量范围：$0.0\sim10^5\,\mu S/cm$，分 12 个量程。

（2）配套电极：DJS-1 型光亮电极、DJS-1 型铂黑电极、DJS-10 型铂黑电极。光亮电极用于测量较小的电导率（$0.0\sim10.0\,\mu S/cm$），而铂黑电极用于测量较大的电导率（$10.0\sim10^5\,\mu S/cm$）。通常用铂黑电极，因为它的表面比较大，这样降低了电流密度，减少或消除了极化。但在测量低电导率溶液时，铂黑对电解质有强烈的吸附作用，出现不稳定的现象，这时宜用光亮电极。

（3）电极选择原则列在附表 6-1 中。

附表 6-1　电极选择

量程	测量频率	电导率/($\mu S/cm$)	配套电极
1	低周	$0\sim0.1$	DJS-1 型光亮电极
2	低周	$0\sim0.3$	DJS-1 型光亮电极
3	低周	$0\sim1.0$	DJS-1 型光亮电极
4	低周	$0\sim3.0$	DJS-1 型光亮电极
5	低周	$0\sim10.0$	DJS-1 型光亮电极
6	低周	$0\sim30.0$	DJS-1 型铂黑电极
7	低周	$0\sim10^2$	DJS-1 型铂黑电极
8	低周	$0\sim3\times10^2$	DJS-1 型铂黑电极
9	高周	$0\sim10^3$	DJS-1 型铂黑电极
10	高周	$0\sim3\times10^3$	DJS-1 型铂黑电极
11	高周	$0\sim10^4$	DJS-1 型铂黑电极
12	高周	$0\sim10^5$	DJS-10 型铂黑电极

3. 使用方法

DDS-11A 型电导率仪的面板如附图 6-3 所示。

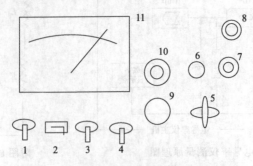

附图 6-3　DDS-11A 型电导率仪的面板图

1—电源开关；2—指示灯；3—高周、低周开关；4—校正测量开关；5—量程选择开关；6—电容补偿调节器；
7—电极插口；8—10mV 输出插口；9—校正调节器；10—电极常数调节器；11—表头

（1）打开电源开关前，应观察表针是否指零，若不指零时，可调节表头的螺丝，使表针指零。

（2）将校正、测量开关拨在"校正"位置。

（3）插好电源后，再打开电源开关，此时指示灯亮。预热数分钟，待指针完全稳定下来为止。调节校正调节器，使表针指向满刻度。

（4）根据待测液电导率的大致范围选用低周或高周，并将高周、低周开关拨向所选位置。

（5）将量程选择开关拨到测量所需范围。如预先不知道被测溶液电导率的大小，则由最大挡逐挡下降至合适范围，以防表针打弯。

（6）根据电极选用原则，选好电极并插入电极插口。各类电极要注意调节好配套电极常数，如配套电极常数为 0.95（电极上已标明），则将电极常数调节器调节到相应的 0.95 位置处。

（7）倾去电导池中电导水将电导池和电极用少量待测液洗涤 2～3 次，再将电极浸入待测液中并恒温。

（8）将校正、测量开关拨向"测量"，这时表头上的指示读数乘以量程开关的倍率，即为待测液的实际电导率。

（9）当量程开关指向黑点时，读表头上刻度（$0.0～1.0\mu S/cm$）的数；当量程开关指向红点时，读表头下刻度（$0.0～3.0\mu S/cm$）的数值。

（10）当用 $0.0～0.1\mu S/cm$ 或 $0.0～0.3\mu S/cm$ 这两挡测量高纯水时，在电极未浸入溶液前，调节电容补偿调节器，使表头指示为最小值（此最小值是电极铂片间的漏阻，由于此漏阻的存在，使调节电容补偿调节器时表头指针不能达到零点），然后开始测量。

（11）如要想了解在测量过程中电导率的变化情况，将 $10.0mV$ 输出接到自动平衡记录仪即可。

4. 注意事项

（1）电极的引线不能受潮，否则测不准。

（2）高纯水应迅速测量，否则空气中 CO_2 溶入水中变为 CO_3^{2-}，使电导率迅速增加。

（3）测定一系列浓度待测液的电导率，注意按浓度由小到大的顺序测定。

（4）盛待测液的容器必须清洁、没有离子玷污。

（5）电极要轻拿轻放，切勿触碰铂黑。

（二）DDS-11 型电导率仪

该仪器的测量原理与 DDS-11A 型电导率仪一样，基于"电阻分压"原理的不平衡测量方法。其面板如附图 6-3 所示。使用方法如下：

（1）接通电源前，先检查表针是否指零，如不指零，可调节表头上校正螺丝，使表针指零。

（2）接通电源，打开电源开关，指示灯即亮。预热数分钟，即可开始工作。

（3）将测量范围选择器旋钮拨到所需的范围挡。如不知被测液电导的大小范围，则应将旋钮分置于最大量程挡，然后逐挡减小，以保护表不被损坏。

（4）选择电极。本仪器附有三种电极，分别适用于下列电导范围：

① 被测液电导低于 $5.0\mu S$ 时，用 260 型光亮电极；

② 被测液电导在 $5.0\sim150.0mS$ 时，用 260 型铂黑电极；

③ 被测液电导高于 $150.0mS$ 时，用 U 型电极。

（5）连接电极引线。使用 260 型电极时，电极上两根同色引出线分别接在接线柱 1、2 上，另一根引出线接在电极屏蔽线接线柱 3 上。使用 U 型电极时，两根引出线分别接在接线柱 1、2 上。

（6）用少量待测液洗涤电导池及电极 2~3 次，然后将电极浸入待测溶液中，并恒温。

（7）将测量校正开关拨向"校正"，调节校正调节器，使指针停在红色倒三角处。应注意在电导池接妥的情况下方可进行校正。

（8）将测量校正开关拨向"测量"，这时指针指示的读数即为被测液的电导值。当被测液电导很高时，每次测量都应在校正后方可读数，以提高测量精度。

附录七 电位差计

原电池电动势一般用直流电位差计并配以饱和式标准电池和检流计来测量。电位差计可分为高阻型和低阻型两类，使用时可根据待测系统的不同选用不同类型的电位差计。通常高电阻系统选用高阻型电位差计，低电阻系统选用低阻型电位差计。但不管电位差计的类型如何，其测量原理都是一样的。下面具体以 UJ-25 型电位差计为例，说明其原理及使用方法。

UJ-25 型直流电位差计属于高阻型电位差计，它适用于测量内阻较大的电源电动势，以及较大电阻上的电压降等。由于工作电流小、线路电阻大，故在测量过程中工作电流变化很小，因此需要高灵敏度的检流计。它的主要特点是测量时几乎不损耗被测对象的能量，测量结果稳定、可靠，而且有很高的准确度，因此为教学、科研部门广泛使用。

1. 测量原理

电位差计是按照对消法测量原理而设计的一种平衡式电学测量装置，能直接给出待测电池的电动势值。附图 7-1 是对消法测量电动势原理示意图。从图可知电位差计由三个回路组成：工作电流回路、标准回路和测量回路。

（1）工作电流回路，也叫电源回路。从工作电源正极开始，经电阻 R_N、R_X，再经工作电流调节电阻 R，回到工作电源负极。其作用是借助于调节 R 使在补偿电阻上产生一定的电位降。

（2）标准回路。从标准电池的正极开始（当换向开关 K 扳向"1"一方时），经电阻 R_N，再经检流计 G 回到标准电池负极。其作用是校准工作电流回路以标定补偿电阻上的电位降。通过调节 R 使 G 中电流为零，此时产生的电位降 V 与标准电池的电动势 E_N 相对消，也就是说大小相等而方向相反。校准后的工作电流 I 为某一定值 I_0。

（3）测量回路。从待测电池的正极开始（当换向开关 K 扳向"2"一方时），经检流计 G 再经电阻 R_X，回到待测电池负极。在保证校准后的工作电流 I_0 不变，即固定 R 的条件下，调节电阻 R_X，使得 G 中电流为零。此时产生的电位降与待测电池的电动势 E_X 相对消。

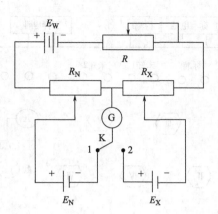

附图 7-1　对消法测量电动势原理示意图

E_W—工作电源；E_N—标准电池；E_X—待测电池；R—调节电阻；R_X—待测电池电动势补偿电阻；

K—转换电键；R_N—标准电池电动势补偿电阻；G—检流计

从以上工作原理可见，用直流电位差计测量电动势时，有两个明显优点：

① 在两次平衡中检流计都指零，没有电流通过，也就是说电位差计既不从标准电池中吸取能量，也不从被测电池中吸取能量，表明测量时没有改变被测对象的状态，因此在被测电池的内部就没有电压降，测得的结果是被测电池的电动势，而不是端电压。

② 被测电动势 E_X 的值是由标准电池电动势 E_N 和电阻 R_N、R_X 来决定的。由于标准电池的电动势的值十分准确，并且具有高度的稳定性，而电阻元件也可以制造得具有很高的准确度，所以当检流计的灵敏度很高时，用电位差计测量的准确度就非常高。

2. 使用方法

UJ-25 型电位差计面板如附图 7-2 所示。电位差计使用时都配有灵敏检流计和标准电池以及工作电源。UJ-25 型电位差计测电动势的范围其上限为 600.0V，下限为 0.000001V，但当测量高于 1.911110V 电压时，就必须配用分压箱来提高上限。下面说明测量 1.911110V 以下电压的方法：

（1）连接线路

先将（N、X_1、X_2）转换开关放在断的位置，并将左下方三个电计按钮（粗、细、短路）全部松开，然后依次将工作电源、标准电池、检流计以及被测电池按正、负极性接在相应的端钮上，检流计没有极性的要求。

（2）调节工作电压（标准化）

将室温时的标准电池电动势值算出。对于镉汞标准电池，温度校正公式为：

$$E_t = E_0 - 4.06 \times 10^{-5}\ (t-20) - 9.5 \times 10^{-7}\ (t-20)^2$$

式中，E_t 为室温 t℃时标准电池电动势；$E_0 = 1.0186$ 为标准电池在 20.0℃时的电动势。调节温度补偿旋钮（A、B），使数值为校正后的标准电池电动势。

将（N、X_1、X_2）转换开关放在 N（标准）位置上，按"粗"电计旋钮，旋动右下方（粗、中、细、微）四个工作电流调节旋钮，使检流计示零，然后再按"细"电计按钮，重复上述操作。注意按电计按钮时，不能长时间按住不放，需要"按"和"松"交替进行。

（3）测量未知电动势

将（N、X_1、X_2）转换开关放在 X_1 或 X_2（未知）的位置，按下电计"粗"，由左向右

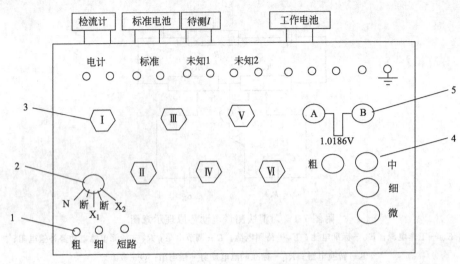

附图 7-2　UJ-25 型电位差计面板
1—电计按钮（共 3 个）；2—转换开关；3—电势测量旋钮（共 6 个）；
4—工作电流调节旋钮（共 4 个）；5—标准电池温度补偿旋钮

依次调节六个测量旋钮，使检流计示零。然后再按下电计"细"按钮，重复以上操作使检流计示零。读下六个旋钮下方小孔示数的总和即为电池的电动势。

3. 注意事项

(1) 测量过程中，若发现检流计受到冲击，应迅速按下短路按钮，以保护检流计。

(2) 由于工作电源的电压会发生变化，故在测量过程中要经常标准化。另外，新制备的电池电动势也不够稳定，应隔数分钟测一次，最后取平均值。

(3) 测定时电计按钮按下的时间应尽量短，以防止电流通过而改变电极表面的平衡状态。

若在测定过程中，检流计一直往一边偏转，找不到平衡点，这可能是电极的正负号接错、线路接触不良、导线有断路、工作电源电压不够等原因引起的，应该进行检查。

附录八　国际单位制 SI 和基本数据表

附表 8-1　SI 基本单位

量		单位	
名称	符号	名称	符号
长度	l	米	m
质量	m	千克（公斤）	kg
时间	t	秒	s
电流	I	安[培]	A
热力学温度	T	开[尔文]	K

量		单位	
名称	符号	名称	符号
物质的量	n	摩[尔]	mol
发光强度	I_V	坎[德拉]	cd

附表 8-2　常用的 SI 导出单位

量		单位		
名称	符号	名称	符号	定义式
频率	ν	赫[兹]	Hz	s^{-1}
能量	E	焦[耳]	J	$kg \cdot m^2/s^2$
力	F	牛[顿]	N	$kg \cdot m/s^2 = J/m$
压力	p	帕[斯卡]	Pa	$kg/(m \cdot s^2) = N/m^2$
功率	P	瓦[特]	W	$kg \cdot m^2/s^3 = J/s$
电量	Q	库[仑]	C	$A \cdot s$
电位,电压,电动势	U	伏[特]	V	$kg \cdot m^2/(s^3 \cdot A) = J/(A \cdot s)$
电阻	R	欧[姆]	Ω	$kg \cdot m^2/(s^3 \cdot A^2) = V/A$
电导	G	西[门子]	S	$kg^{-1} \cdot m^{-2} \cdot s^3 \cdot A^2 = \Omega^{-1}$
电容	C	法[拉]	F	$A^2 \cdot S^4/(kg \cdot m^2) = A \cdot s/V$
磁通量	Φ	韦[伯]	Wb	$kg \cdot m^2/(s^2 \cdot A) = V \cdot s$
电感	L	亨[利]	H	$kg \cdot m^2/(s^2 \cdot A^2) = V \cdot s/A$
磁通量密度,磁感应强度	B	特[斯拉]	T	$kg/(s^2 \cdot A) = V \cdot s/m^2$

附表 8-3　一些物理和化学的基本常数 (1986 年国际推荐值)

量	符号	数值	单位
光速	c	299792458	m/s
真空磁导率	μ_0	4π	$10^{-7} N/A^2$
		12.566370614…	$10^{-7} N/A^2$
真空电容率,$1/(\mu^0 C^2)$	ε_0	8.854187817…	$10^{-12} F/m$
牛顿引力常数	G	6.67259(85)	$10^{-11} m^3/(kg \cdot s^2)$
普朗克常数	h	6.6260755(40)	$10^{-34} J \cdot s$
	$h/(2\pi)$	1.05457266(63)	$10^{-34} J \cdot s$
基本电荷	e	1.60217733(49)	$10^{-19} C$
电子质量	m_e	0.91093897(54)	$10^{-30} kg$
质子质量	m_p	1.6726231(10)	$10^{-27} kg$
质子-电子质量比	m_p/m_e	1836.152701(37)	
精细结构常数	α	7.29735308(33)	10^{-3}
精细结构常数的倒数	α^{-1}	137.0359895(61)	

续表

量	符号	数值	单位
里德伯常数	R^{∞}	10973731.534(13)	m^{-1}
阿伏伽德罗常数	L, N_A	6.0221367(36)	$10^{23}mol^{-1}$
法拉第常数	F	96485.309(29)	C/mol
摩尔气体常数	R	8.314510(70)	J/(mol·K)
玻尔兹曼常数,R/L_A	K	1.380658(12)	10^{-23}J/K
斯特藩-玻尔兹曼常数,$\pi^2 k^4/(60h^3c^2)$	σ	5.67051(12)	10^{-8}W/(m^2·K^4)
电子伏,$(e/C)J=\{e\}$J	eV	1.60217733(49)	10^{-19}J

附表 8-4 不同温度时水的蒸气压

温度/℃	0.0		0.2		0.4		0.6		0.8	
	mmHg	Pa	mmHg	Pa	mmHg	Pa	mmHg	Pa	mmHg	Pa
−15	1.436	191.45	1.414	188.52	1.39	185.32	1.368	182.38	1.345	179.32
−14	1.560	209.98	1.534	204.52	1.511	201.45	1.485	197.98	1.460	194.65
−13	1.691	225.45	1.665	221.98	1.637	218.25	1.611	214.78	1.585	211.32
−12	1.834	244.51	1.804	240.51	1.776	236.78	1.748	233.05	1.720	229.31
−11	1.987	264.91	1.955	260.64	1.924	256.51	1.893	252.38	1.863	248.38
−10	2.149	286.51	2.116	282.11	2.084	277.84	2.050	273.31	2.018	269.04
−9	2.326	310.11	2.289	305.17	2.254	300.51	2.219	295.84	2.184	291.18
−8	2.514	335.17	2.475	329.97	2.437	324.91	2.399	319.84	2.362	314.91
−7	2.715	361.97	2.674	356.50	2.633	351.04	2.593	345.70	2.533	340.37
−6	2.931	390.77	2.887	384.90	2.843	379.03	2.8	373.30	2.757	367.57
−5	3.163	421.70	3.115	415.30	3.069	409.17	3.022	402.9	2.976	396.77
−4	3.410	454.63	3.359	447.83	3.309	441.16	3.259	434.50	3.211	428.10
−3	3.673	489.69	3.62	482.63	3.567	475.56	3.514	468.49	3.461	461.43
−2	3.956	527.42	3.898	519.69	3.841	512.09	3.785	504.62	3.730	497.29
−1	4.258	567.69	4.196	559.42	4.135	551.29	4.075	543.29	4.016	535.42
−0	4.579	610.48	4.513	601.68	4.448	593.02	4.385	584.62	4.320	575.95
0	4.579	610.48	4.647	619.35	4.715	628.61	4.785	637.95	4.855	647.28
1	4.926	656.74	4.998	666.34	5.07	675.94	5.144	685.81	5.219	685.81
2	5.294	705.81	5.370	716.94	5.447	726.20	5.525	736.60	5.605	747.27
3	5.685	757.94	5.766	768.73	5.848	779.67	5.931	790.73	6.015	801.93
4	6.101	713.40	6.187	824.86	6.274	836.46	6.363	848.33	6.453	860.33
5	6.543	872.33	6.635	884.59	6.728	896.99	6.822	909.52	6.917	922.19
6	7.013	934.99	7.111	948.05	7.209	961.12	7.309	974.45	7.411	988.05
7	7.513	1001.65	7.617	1015.51	7.722	1029.51	7.828	1043.64	7.936	1058.04
8	8.045	1072.58	8.155	1087.24	8.267	1102.17	8.380	1117.24	8.494	1132.44
9	8.609	1147.77	8.727	1163.50	8.845	1179.23	8.965	1195.23	9.086	1211.36

温度 /℃	0.0		0.2		0.4		0.6		0.8	
	mmHg	Pa	mmHg	Pa	mmHg	Pa	mmHg	Pa	mmHg	Pa
10	9.209	1227.76	9.333	1244.29	9.458	1260.96	9.585	1277.89	9.714	1295.09
11	9.844	1312.42	9.976	1330.02	10.109	1347.75	10.244	1365.75	10.380	1383.88
12	10.518	1402.28	10.658	1420.95	10.799	1439.74	10.941	1458.68	11.085	1477.87
13	11.231	1497.34	11.379	1517.07	11.528	1536.94	11.680	1557.20	11.833	1577.60
14	11.987	1598.13	12.144	1619.06	12.302	1640.13	12.462	1661.46	12.624	1683.06
15	12.788	1704.92	12.953	1726.92	13.121	1749.32	13.29	1771.85	13.491	1794.65
16	13.634	1817.71	13.809	1841.04	13.987	1864.77	14.166	1888.64	14.347	1912.77
17	14.53	1937.17	14.715	1961.83	14.903	1986.90	15.092	2012.10	15.284	2037.69
18	15.477	2063.42	15.673	2089.56	15.871	2115.95	16.071	2142.62	16.272	2169.42
19	16.477	2196.75	16.685	2224.48	16.894	2252.34	17.105	2280.47	17.315	2309.00
20	17.535	2337.80	17.753	2366.87	17.974	2396.33	18.197	2426.06	18.422	2456.06
21	18.650	2486.46	18.880	2517.12	19.113	2548.18	19.349	2579.65	19.587	2611.38
22	19.827	2643.38	20.070	2675.77	20.316	2708.57	20.565	2741.77	20.815	2775.10
23	21.068	2808.83	21.324	2842.96	21.583	2877.49	21.845	2912.42	22.110	2947.75
24	22.377	2983.35	22.648	3019.48	22.922	3056.01	23.198	3092.80	23.476	3129.37
25	23.756	3167.20	24.039	3204.93	24.306	3243.19	24.617	3281.99	24.912	3321.32
26	25.209	3360.91	25.509	3400.91	25.812	3441.31	26.117	3481.97	26.426	3523.27
27	26.739	3564.90	27.055	3607.03	27.374	3649.56	27.696	3629.49	28.021	3735.82
28	28.349	3779.55	28.680	3823.67	29.015	3868.34	29.354	3913.53	29.697	3959.26
29	30.043	4005.39	30.392	4051.92	30.745	4098.98	23.934	4146.58	31.461	4194.44
30	31.824	4242.84	32.191	4291.77	32.561	4341.10	31.102	4390.83	33.312	4441.22
31	33.695	4492.28	34.085	4544.28	34.471	4595.74	34.864	4648.14	35.261	4701.07
32	35.663	4754.66	36.068	4808.66	36.477	4863.19	36.891	4918.38	37.308	4973.98
33	37.729	5030.11	38.155	5086.90	38.584	5144.10	39.018	5201.96	39.457	5260.49
34	39.898	5319.28	40.344	5378.74	40.796	5439.00	41.251	5499.67	41.710	5560.86
35	42.175	5622.86	42.644	5685.38	43.117	5748.44	43.595	5812.17	44.078	5876.57
36	44.563	5941.23	45.054	6006.69	45.549	6072.68	46.05	6139.48	46.556	6206.94
37	47.067	6275.07	47.582	6343.73	48.102	6413.05	48.627	6483.05	49.157	6553.71
38	49.692	6625.04	50.231	6696.90	50.774	6769.29	51.323	6842.49	51.879	6916.61
39	52.442	6991.67	53.009	7067.22	53.58	7143.39	54.156	7220.19	54.737	7297.65
40	55.324	7375.91	55.91	7454.0	56.51	7534.0	57.11	7614.0	57.72	7695.3
41	58.34	7778.0	58.96	7860.7	59.58	7943.3	60.22	8028.7	60.86	8114.0
42	61.50	8199.3	62.14	8284.6	62.80	8372.6	63.46	8460.6	64.12	8548.6
43	64.80	8639.3	65.48	8729.9	66.16	8820.6	66.86	8913.9	67.56	9007.2
44	68.26	9100.6	68.97	9195.2	69.69	9291.2	70.41	9387.2	71.14	9484.5
45	71.88	9583.2	72.62	9681.8	73.36	9780.5	74.12	9881.8	74.88	9983.2

温度 /℃	0.0		0.2		0.4		0.6		0.8	
	mmHg	Pa	mmHg	Pa	mmHg	Pa	mmHg	Pa	mmHg	Pa
46	75.65	10085.8	76.43	10189.8	77.21	10293.8	78.00	10399.1	78.80	10505.8
47	79.60	10612.4	80.41	10720.4	81.23	10829.7	82.05	10939.1	82.87	11048.4
48	83.71	11160.4	84.56	11273.7	85.42	11388.4	86.28	11503.0	87.14	11617.7
49	88.02	11735.0	88.90	11852.3	89.79	11971.0	90.69	12091.0	91.59	12211.0
50	92.51	12333.6	93.5	12465.6	94.4	12585.6	95.3	12705.6	96.3	12838.9
51	97.20	12958.9	98.2	13092.2	99.1	13212.2	100.1	13345.5	101.1	13478.9
52	102.09	13610.8	103.1	13745.5	104.1	13878.8	105.1	14012.1	106.2	14158.8
53	107.20	14292.1	108.2	14425.4	109.3	14572.1	110.4	14718.7	111.4	14852.1
54	112.51	15000.1	113.6	15145.4	114.7	15292.0	115.8	15438.7	116.9	15585.3
55	118.04	15737.3	119.0	15878.7	120.3	16038.6	121.5	16198.6	122.6	16345.3
56	123.80	16505.3	125.0	16665.3	126.2	16825.2	127.4	16985.2	128.6	17145.2
57	129.82	17307.9	131.0	17465.2	132.3	17638.5	133.5	17798.5	134.7	17958.5
58	136.03	18142.5	137.3	18305.1	138.5	18465.1	139.9	18651.7	141.2	18825.1
59	142.60	19011.7	143.9	19185.0	145.2	19358.4	146.6	19545.0	148.0	19731.7
60	149.38	19915.6	150.7	20091.6	152.1	20278.3	153.5	20464.9	155.0	20664.9
61	156.43	20855.6	157.8	21038.2	159.3	21238.2	160.8	21438.2	162.3	21638.2
62	163.77	21834.1	165.2	22024.8	166.8	22238.1	168.3	22438.1	169.8	22638.1
63	171.38	22848.7	172.9	23051.4	174.5	23264.7	176.1	23478.0	177.7	23691.3
64	179.31	23906.0	180.9	24117.9	182.5	24331.3	184.2	24557.9	185.8	24771.2
65	187.54	25003.2	189.2	25224.5	190.9	25451.2	192.6	25677.8	194.3	25904.5
66	196.09	26143.1	197.8	26371.1	199.5	26597.7	201.3	26837.7	203.1	27077.7
67	204.96	27325.7	206.8	27571.0	208.6	27811.0	210.5	28064.3	212.3	28304.3
68	214.17	28553.6	216.0	28797.6	218.0	29064.2	219.9	29317.5	221.8	29570.8
69	223.73	29328.1	225.7	30090.8	227.7	30357.4	229.7	30624.1	231.7	30890.7
70	233.7	31157.4	235.7	31424.0	237.7	31690.6	239.7	31957.3	241.8	32237.3
71	243.9	32517.2	246.0	32797.2	248.2	33090.5	250.3	33370.5	252.4	33650.5
72	254.6	33943.8	256.8	34237.1	259.0	34580.4	261.2	34823.7	263.4	35117.0
73	265.7	35423.7	268.0	35730.3	270.2	36023.6	272.6	36343.6	274.3	36636.9
74	277.2	36956.9	279.4	37250.2	281.8	37570.1	284.2	37890.1	286.6	38210.1
75	289.1	38543.4	291.5	38863.4	294.0	39196.7	296.4	39516.6	298.8	39836.6
76	301.4	40183.3	303.8	40503.2	306.4	40849.9	308.9	41183.2	311.4	41516.5
77	314.1	41876.4	316.6	42209.7	319.2	42556.4	322.0	42929.7	324.6	43276.3
78	327.3	43636.3	330.0	43996.3	332.8	44369.0	335.6	44742.9	338.2	45089.5
79	341.0	45462.8	343.8	45836.1	346.6	46209.4	349.4	46582.7	352.2	46956.0
80	355.1	47342.6	358.0	47729.3	361.0	48129.2	363.8	48502.5	366.8	48902.5
81	369.7	49289.1	372.6	49675.8	375.6	50075.7	378.8	50502.4	381.8	50902.3

温度 /℃	0.0		0.2		0.4		0.6		0.8	
	mmHg	Pa	mmHg	Pa	mmHg	Pa	mmHg	Pa	mmHg	Pa
82	384.9	51315.6	388.0	51728.9	391.2	52155.6	394.4	52582.2	397.4	52982.2
83	400.6	53408.8	403.8	53835.4	407.0	54262.1	410.2	54688.7	413.6	55142.0
84	416.8	55568.6	420.2	56021.9	423.6	56475.2	426.8	56901.8	430.2	57355.1
85	433.6	57808.4	437.0	58261.7	440.4	58715.0	444.0	59195.0	447.5	59661.6
86	450.9	60114.9	454.4	60581.5	458.0	61061.5	461.6	61541.4	465.2	62021.4
87	468.7	62488.0	472.4	62981.3	476.0	63461.3	479.8	63967.9	483.4	64447.9
88	487.1	64941.1	491.0	65461.1	494.7	65954.4	498.5	66461.0	502.2	66954.3
89	506.1	67474.3	510.0	67994.2	513.9	68514.2	517.8	69034.1	521.8	69567.4
90	525.76	70095.4	529.77	70630.0	533.80	71167.3	537.86	71708.0	541.95	72253.9
91	546.05	72800.5	550.18	73351.1	554.35	73907.1	558.53	74464.3	562.75	75027.0
92	566.99	75592.2	571.26	76161.5	575.55	76733.5	579.87	77309.4	584.22	77889.4
93	588.6	78473.3	593.00	79059.9	597.43	79650.6	601.89	80245.2	606.38	80843.8
94	610.9	81446.4	615.44	82051.7	620.01	82661.0	624.61	83274.3	629.24	83891.5
95	633.9	84512.8	638.59	85138.1	643.3	85766.0	648.05	86399.3	652.82	87035.3
96	657.62	87675.2	662.45	88319.2	667.31	88967.1	672.2	89619.0	677.12	90275.0
97	682.07	90934.9	687.04	91597.5	692.05	92265.5	697.1	92938.8	702.17	93614.7
98	707.27	94294.7	712.40	94978.6	717.56	95666.5	722.75	96358.5	727.98	97055.7
99	733.24	97757.0	738.52	98462.3	743.85	99171.6	749.20	99884.8	754.58	100602.1
100	760.00	101324.7	765.45	102051.3	770.93	102781.9	776.44	103516.5	782.00	104257.8
101	787.57	105000.4	793.18	105748.3	798.82	106500.3	804.5	107257.5	810.21	108018.8

附表 8-5 有机化合物的蒸气压

名称	分子式	温度范围/℃	A	B	C
四氯化碳	CCl_4	$-35.0 \sim 61.0$	6.87926	1212.021	226.410
三氯甲烷	$CHCl_3$	$-35.0 \sim 61.0$	6.49340	929.440	196.030
甲醇	CH_4O	$-14.0 \sim 65.0$	7.89750	1474.080	229.130
二氯乙烷	$C_2H_4Cl_2$	$-31.0 \sim 99.0$	7.02530	1271.300	222.900
乙酸	$C_2H_4O_2$	$-2.0 \sim 100.0$	7.38782	1533.313	222.309
乙醇	C_2H_6O	$-2.0 \sim 100.0$	8.32109	1718.100	237.520
丙酮	C_3H_6O	$0.0 \sim 101.0$	7.11714	1210.595	229.664
异丙醇	C_3H_8O	$0.0 \sim 101.0$	8.11778	1580.920	219.610
乙酸乙酯	$C_4H_8O_2$	$15.0 \sim 76.0$	7.10179	1244.950	217.880
正丁醇	$C_4H_{10}O$	$15.0 \sim 131.0$	7.47680	1362.390	178.770
苯	C_6H_6	$8.0 \sim 103.0$	6.90565	1211.033	220.790

续表

名称	分子式	温度范围/℃	A	B	C
环己烷	C_6H_{12}	20.0~81.0	6.84130	1201.530	222.650
甲苯	C_7H_8	6.0~137.0	6.95464	1344.800	219.480
乙苯	C_8H_{10}		6.95719	1424.255	213.210

注：下列各化合物的蒸气压可用方程式 $\lg p = A - \dfrac{B}{C+t}$ 计算，式中 A、B、C 为三常数；p 为化合物的蒸气压，mmHg；t 为温度，℃。

摘自：John A Dean. Lange's Hand book of Chemistry. 1979：10-37.

附表 8-6　水的密度

T/℃	$10^{-3}\rho/(kg/m^3)$	T/℃	$10^{-3}\rho/(kg/m^3)$	T/℃	$10^{-3}\rho/(kg/m^3)$
0	0.99987	20	0.99823	40	0.99224
1	0.99993	21	0.99802	41	0.99186
2	0.99997	22	0.99780	42	0.99147
3	0.99999	23	0.99756	43	0.99107
4	1.00000	24	0.99732	44	0.99066
5	0.99999	25	0.99707	45	0.99025
6	0.99997	26	0.99681	46	0.98982
7	0.99997	27	0.99654	47	0.98940
8	0.99988	28	0.99626	48	0.98896
9	0.99978	29	0.99597	49	0.98852
10	0.99973	30	0.99567	50	0.98807
11	0.99963	31	0.99537	51	0.98762
12	0.99952	32	0.99505	52	0.98715
13	0.99940	33	0.99473	53	0.98669
14	0.99927	34	0.99440	54	0.98621
15	0.99913	35	0.99406	55	0.98573
16	0.99897	36	0.99371	60	0.98324
17	0.99880	37	0.99336	65	0.98059
18	0.99862	38	0.99299	70	0.97781
19	0.99843	39	0.99262	75	0.97489

摘自：International Critical Tables of Numerical Data. Physics Chemistry and Technology.

附表 8-7　有机化合物的密度

化合物	ρ_0	α	β	γ	温度范围/℃
四氯化碳	1.63255	−1.9110	−0.690		0~40
三氯甲烷	1.52643	−1.8563	−0.5309	−8.81	−53~55
乙醚	0.73629	−1.1138	−1.237		0~70
乙醇	0.78506($t_0=25$℃)	−0.8591	−0.56	−5	
乙酸	1.0724	−1.1229	0.058	−2.0	9~100

化合物	ρ_0	α	β	γ	温度范围/℃
丙酮	0.81248	-1.100	-0.858		0～50
异丙醇	0.8014	-0.809	-0.27		0～25
正丁醇	0.82390	-0.699	-0.32		0～47
乙酸甲酯	0.95932	-1.2710	-0.405	-6.00	0～100
乙酸乙酯	0.92454	-1.168	-1.95	20	0～40
环己烷	0.79707	-0.8879	-0.972	1.55	0～65
苯	0.90005	-1.0638	-0.0376	-2.213	11～72

注：下列几种有机化合物的密度可用方程式：

$\rho=\rho_0+10^{-3}\alpha\,(t-t_0)+10^{-6}\beta\,(t-t_0)^2+10^{-9}\gamma\,(t-t_0)^3$ 来计算。式中，ρ_0 为 $t=0$℃时的密度，g/cm^3；$1g/cm^3=10^3\,kg/m^3$。

摘自：International Critical Tables of Numerical Data. Physics, Chemistry and Technology. Ⅲ：28.

附表 8-8　20℃下乙醇水溶液的密度

乙醇的质量分数/%	密度/$(10^3\,kg/m^3)$	乙醇的质量分数/%	密度/$(10^3\,kg/m^3)$
0	0.99828	55	0.90258
10	0.98187	60	0.89113
15	0.97514	65	0.87948
20	0.96864	70	0.86766
25	0.96168	75	0.85564
30	0.95382	80	0.84344
35	0.94494	85	0.83095
40	0.93518	90	0.81797
45	0.92472	95	0.80424
50	0.91384	100	0.78934

摘自：International Critical Tables of Numerical Data. Physics, Chemistry and Technology. Ⅲ：116.

附表 8-9　乙醇水溶液的混合体积与浓度的关系

（温度为 20℃，混合物的质量为 100g）

乙醇的质量分数/%	$V_{混}$/mL	乙醇的质量分数/%	$V_{混}$/mL
20	103.24	60	112.22
30	104.84	70	115.25
40	106.93	80	118.56
50	109.43		

摘自：傅献彩等编．理化学（上册）．人民教育出版社.1979：212.

附表 8-10　水在不同温度下的折射率、黏度和介电常数

温度/℃	折射率 n_D	黏度[1] $10^3\eta$/$[kg/(m\cdot s)]$	介电常数[2] ε
0	1.33395	1.7702	87.74
5	1.33388	1.5108	85.76
10	1.33369	1.3039	83.83

续表

温度/℃	折射率 n_D	黏度[①] $10^3 \eta /[kg/(m \cdot s)]$	介电常数[②] ε
15	1.33339	1.1374	81.95
20	1.33300	0.0019	80.10
21	1.33290	0.9764	79.73
22	1.33280	0.9532	79.38
23	1.33271	0.9310	79.02
24	1.33261	0.9100	78.65
25	1.33250	0.8903	78.30
26	1.33240	0.8703	77.94
27	1.33229	0.8512	77.60
28	1.33217	0.8328	77.24
29	1.33206	0.8145	76.90
30	1.33194	0.7973	76.55
35	1.33131	0.7190	74.83
40	1.33061	0.6526	73.15
45	1.32985	0.5972	71.51
50	1.32904	0.5468	69.91

①黏度是指单位面积的液层，以单位速度流过相隔单位距离的固定液面时所需的切线力。其单位是 $N \cdot s/m^2$ 或 $kg/(m \cdot s)$ 或 $Pa \cdot s$（帕·秒）。

②介电常数（相对）是指某物质作介质时，与相同条件真空情况下电容的比值。故介电常数又称相对电容率，无量纲。

摘自：JohnADean. Lange's Hand book of Chemistry. 1985：10-99.

附表 8-11　25℃下某些液体的折射率

名称	n_D^{25}	名称	n_D^{25}
甲醇	1.326	四氯化碳	1.459
乙醚	1.352	乙苯	1.493
丙酮	1.357	甲苯	1.494
乙醇	1.359	苯	1.498
乙酸	1.370	苯乙烯	1.545
乙酸乙酯	1.370	溴苯	1.557
正己烷	1.372	苯胺	1.583
1-丁醇	1.397	三溴甲烷	1.587
三氯甲烷	1.444		

摘自：Robert C Weast. Hand book of Chem&Phys. 63 th ed. 1982～1983：375.

附表 8-12　液体的黏度　　　　　　　　　　单位：$10^{-3} Pa \cdot s$

物质	15℃	20℃	25℃	30℃	40℃
甲醇	0.623	0.597	0.547	0.510	0.456
乙醇		1.200		1.003	0.834

续表

物质	15℃	20℃	25℃	30℃	40℃
丙酮	0.337		0.316	0.295	0.280(41℃)
乙酸	1.31		1.155(25.2℃)	1.04	1.00(41℃)
苯		0.652		0.564	0.503
甲苯		0.590		0.526	0.471
乙苯		0.691(17℃)			

摘自：印永嘉．物理化学简明手册．高等教育出版社．1988：29. International Critical Tables of Numerical Data. Physics，Chemistry and Technology. Ⅲ：116.

附表 8-13　不同温度下水的表面张力

$t/℃$	$10^3\sigma/(N/m)$	$t/℃$	$10^3\sigma/(N/m)$	$t/℃$	$10^3\sigma/(N/m)$	$t/℃$	$10^3\sigma/(N/m)$
0	75.64	17	73.19	26	71.82	60	66.18
5	74.92	18	73.05	27	71.66	70	64.42
10	74.22	19	72.90	28	71.50	80	62.61
11	74.07	20	72.75	29	71.35	90	60.75
12	73.93	21	72.59	30	71.18	100	58.85
13	73.78	22	72.44	35	70.38	110	56.89
14	73.64	23	72.28	40	69.56	120	54.89
15	73.59	24	72.13	45	68.74	130	52.84
16	73.34	25	71.97	50	67.91		

摘自：JohnA Dean. Lange's Hand book of Chemistry, 1973：10-265.

附表 8-14　几种溶剂的冰点下降常数
（K_f 是指 1mol 溶质，溶解在 1000g 溶剂中的冰点下降常数）

溶剂	纯溶剂的凝固点/℃	K_f
水	0	1.853
乙酸	16.6	3.90
苯	5.533	5.12
对二氧六环（醚）	11.7	4.71
环己烷	6.54	20.0

摘自：JohnA Dean. Lange's Hand book of Chemistry. 1985：10-80.

附表 8-15　金属混合物的熔点　　　　　　　　　　　　单位：℃

金属		第二列金属含量/%										
		0	10	20	30	40	50	60	70	80	90	100
Pb	Sn	326	295	276	262	240	220	190	185	200	216	232
Cd	Bi	322	290	—	—	179	145	126	168	205	—	268
Pb	Sb	326	250	275	330	395	440	490	525	560	600	632
Sb	Bi	632	610	590	575	555	540	520	470	405	330	268
Sb	Sn	622	600	570	525	480	430	395	350	310	255	232

摘自：CRC Hand book of Chemistry and Physics. 66th：D～183-184.

附表 8-16　无机化合物的脱水温度

水合物	脱水个数	$t/℃$
$CuSO_4 \cdot 5H_2O$	$-2H_2O$	85
	$-4H_2O$	115
	$-5H_2O$	230
$CaCl_2 \cdot 6H_2O$	$-4H_2O$	30
	$-6H_2O$	200
$CaSO_4 \cdot 2H_2O$	$-1.5H_2O$	128
	$-2H_2O$	163
$Na_2B_4O_7 \cdot 10H_2O$	$-8H_2O$	60
	$-10H_2O$	320

摘自：印永嘉. 大学化学手册. 山东科学技术出版社.1985：99-123.

附表 8-17　常压下共沸物的沸点和组成

共沸物		各组分的沸点/℃		共沸物的性质	
甲组分	乙组分	甲组分	乙组分	沸点/℃	组成 $W_{甲}/\%$
苯	乙醇	80.1	78.3	67.9	68.3
环己烷	乙醇	80.8	78.3	64.8	70.8
正己烷	乙醇	68.9	78.3	58.7	79.0
乙酸乙酯	乙醇	77.1	78.3	71.8	69.0
乙酸乙酯	环己烷	77.1	80.7	71.6	56.0
异丙醇	环己烷	82.4	80.7	69.4	32.0

摘自：Robert C Weast. CRC hand book of Chemistry and Physics. 66thed. 1985-1986：D-12-30.

附表 8-18　无机化合物的标准溶解热

（25℃下，1mol 标准状态下的纯物质溶于水生成浓度为 1mol/L 的理想溶液过程的热效应）

化合物	$\Delta_{sol}H_m/(kJ/mol)$	化合物	$\Delta_{sol}H_m/(kJ/mol)$
$AgNO_3$	22.48	KI	20.51
$BaCl_2$	-13.22	KNO_3	34.73
$Ba(NO_3)_2$	40.38	$MgCl_2$	-155.06
$Ca(NO_3)_2$	-18.87	$Mg(NO_3)_2$	-85.48
$CuSO_4$	-73.26	$MgSO_4$	-91.21
KBr	20.04	$ZnCl_2$	-71.46
KCl	17.24	$ZnSO_4$	-81.38

摘自：化学便览（基础编Ⅱ）. 日本化学会编，787.

附表 8-19　不同温度下 KCl 在水中的溶解热

（此溶解热是指 1mol KCl 溶于 200mol 的水）

$t/℃$	$\Delta_{sol}H_m/kJ$	$t/℃$	$\Delta_{sol}H_m/kJ$
10	19.895	12	19.623
11	19.795	13	19.598

$t/℃$	$\Delta_{sol}H_m/kJ$	$t/℃$	$\Delta_{sol}H_m/kJ$
14	19.276	22	17.995
15	19.100	23	17.682
16	18.933	24	17.703
17	18.765	25	17.556
18	18.602	26	17.414
19	18.443	27	17.272
20	18.297	28	17.138
21	18.146	29	17.004

摘自：吴肇亮，等．物理化学实验．石油大学出版社．1990：343.

附表 8-20　有机化合物的标准摩尔燃烧焓

名称	化学式	$t/℃$	$-\Delta_c H_m^{\ominus}/(kJ/mol)$
甲醇	$CH_3OH(l)$	25	726.51
乙醇	$C_2H_5OH(l)$	25	1366.8
草酸	$(CO_2H)_2(s)$	25	245.6
甘油	$(CH_2OH)_2CHOH(l)$	20	1661.0
苯	$C_6H_6(l)$	20	3267.5
己烷	$C_6H_{14}(l)$	25	4163.1
苯甲酸	$C_6H_5COOH(s)$	20	3226.9
樟脑	$C_{10}H_{16}O(s)$	20	5903.6
萘	$C_{10}H_8(s)$	25	5153.8
尿素	$NH_2CONH_2(s)$	25	631.7

摘自：CRC Hand book of Chemistry and physics. 66th ed. 1985-1986：D-272-278.

附表 8-21　几种化合物的热力学函数

物质	化学式	$-\Delta_f H_m^{\ominus}/(kJ/mol)$	$-\Delta_f G_m^{\ominus}/(kJ/mol)$	$S_m^{\ominus}/[J/(mol \cdot K)]$
尿素	$CH_4ON_2(s)$	−333.19	−197.2	104.6
二甲胺	$C_2H_7N(g)$	−18.45	68.41	272.96
氨基甲酸铵	$NH_2COONH_4(s)$	−645.05	−448.06	133.47
氨	NH_3	−46.19	−16.64	192.50
二氧化碳	CO_2	−393.51	−394.38	213.64

摘自：印永嘉．物理化学简明手册．高等教育出版社．1988：78.

附表 8-22　18～25℃下难溶化合物的溶度积

化合物	K_{sp}	化合物	K_{sp}
$AgBr$	4.95×10^{-13}	$BaSO_4$	1×10^{-10}
$AgCl$	7.7×10^{-10}	$Fe(OH)_3$	4×10^{-38}
AgI	8.3×10^{-17}	$PbSO_4$	1.6×10^{-8}
Ag_2S	6.3×10^{-52}	CaF_2	2.7×10^{-11}
$BaCO_3$	5.1×10^{-9}		

摘自：顾庆超等．化学用表．江苏科学技术出版社．1979：6-77.

附表 8-23　25℃下乙酸在水溶液中的电离度和离解常数

$c/(mol/m^3)$	α	$10^2 K_c/(mol/m^3)$
0.1113	0.3277	1.754
0.2184	0.2477	1.751
1.028	0.1238	1.751
2.414	0.0829	1.750
5.912	0.05401	1.749
9.842	0.04223	1.747
12.83	0.03710	1.743
20.00	0.02987	1.738
50.00	0.01905	1.721
100.00	0.1350	1.695
200.00	0.00949	1.645

摘自：陶坤译．苏联化学手册（第三册）．科学出版社．1963：548.

附表 8-24　KCl 溶液的电导率　　　　　　　　　　单位：S/cm

$t/℃$	1.000mol/L	0.1000mol/L	0.0200mol/L	0.0100mol/L
0	0.06541	0.00715	0.001521	0.000776
5	0.07414	0.00822	0.001752	0.000896
10	0.08319	0.00933	0.001994	0.001020
15	0.09252	0.01048	0.002243	
16	0.09441	0.01072	0.002294	
17	0.09631	0.01095	0.002345	
18	0.09822	0.01119	0.002397	
19	0.10014	0.01143	0.002449	
20	0.10207	0.01167	0.002501	
21	0.10400	0.01191	0.002553	
22	0.10594	0.01215	0.002606	
23	0.10789	0.01229	0.002659	
24	0.10984	0.01264	0.002712	
25	0.11180	0.01288	0.002765	
26	0.11377	0.01313	0.002819	
27	0.11574	0.01337	0.002873	
28		0.01362	0.002927	
29		0.01387	0.002981	
30		0.01412	0.003036	
35		0.01539	0.003312	
36		0.01564	0.003368	

摘自：复旦大学等．物理化学实验（第二版）．高等教育出版社．1995：455.

附表 8-25 无限稀释离子的摩尔电导率和温度系数

离子	$10^4\lambda/(S \cdot m^2/mol)$				$\alpha\left(\alpha=\dfrac{1}{\lambda_i}\times\dfrac{d\lambda_i}{dt}\right)$
	0℃	18℃	25℃	50℃	
H^+	225	315	349.8	464	0.0142
K^+	40.7	63.9	73.5	114	0.0173
Na^+	26.5	42.8	50.1	82	0.0188
NH_4^+	40.2	63.9	74.5	115	0.0188
Ag^+	33.1	53.5	61.9	101	0.0174
$1/2Ba^{2+}$	34.0	54.6	63.6	104	0.0200
$1/2Ca^{2+}$	31.2	50.7	59.8	96.2	0.0204
$1/2Pb^{2+}$	37.5	60.5	69.5		0.0194
OH^-	105	171	198.3	(284)	0.0186
Cl^-	41.0	66.0	76.3	(116)	0.0203
NO_3^-	40.0	62.3	71.5	(104)	0.0195
$C_2H_3O_2^-$	20.0	32.5	40.9	(67)	0.0244
$1/2SO_4^{2-}$	41	68.4	80.0	(125)	0.0206
$1/2C_2O_4^{2-}$	39	(63)	72.7	(115)	
F^-		47.3	55.4		0.0228

摘自：印永嘉. 物理化学简明手册. 高等教育出版社. 1988：159.

附表 8-26 25℃下 HCl 水溶液浓度与摩尔电导率和电导率的关系

$c/(mol/L)$	0.0005	0.001	0.002	0.005	0.01	0.02	0.05	0.1	0.2
$\Lambda_m/(S \cdot cm^2/mol)$	423.0	421.4	419.2	415.1	411.4	406.1	397.8	389.8	379.6
$\kappa/(10^{-3}S/cm)$		0.4212	0.8384	2.076	4.114	8.112	19.89	39.98	75.92

摘自：印永嘉. 物理化学简明手册. 高等教育出版社. 1988：178.

附表 8-27 25℃下标准电极电势及温度系数

电极	电极反应	$\varphi^\ominus/V$	$(d\varphi^\ominus/dT)/(mV/K)$
Ag^+,Ag	$Ag^++e^-\!=\!\!=\!Ag$	0.7991	-1.000
$AgCl,Ag,Cl^-$	$AgCl+e^-\!=\!\!=\!Ag+Cl^-$	0.2224	-0.658
AgI,Ag,I^-	$AgI+e^-\!=\!\!=\!Ag+I^-$	-0.151	-0.284
Cd^{2+},Cd	$Cd^{2+}+2e^-\!=\!\!=\!Cd$	-0.403	-0.093
Cl_2,Cl^-	$Cl_2+2e^-\!=\!\!=\!2Cl^-$	1.3595	-1.260
Cu^{2+},Cu	$Cu^{2+}+2e^-\!=\!\!=\!Cu$	0.337	0.008
Fe^{2+},Fe	$Fe^{2+}+2e^-\!=\!\!=\!Fe$	-0.440	0.052
Mg^{2+},Mg	$Mg^{2+}+2e^-\!=\!\!=\!Mg$	-2.37	0.103
Pb^{2+},Pb	$Pb^{2+}+2e^-\!=\!\!=\!Pb$	-0.126	-0.451
$PbO_2,PbSO_4,$	$PbO_2+SO_4^{2-}+4H^++2e^-\!=\!\!=$	1.685	-0.326
SO_4^{2-},H^+	$PbSO_4+2H_2O$	0.401	-1.680
OH^-,O_2	$O_2+2H_2O+4e^-\!=\!\!=\!4OH^-$	-0.7628	0.091
Zn^{2+},Zn	$Zn^{2+}+2e^-\!=\!\!=\!Zn$		

摘自：印永嘉. 物理化学简明手册. 高等教育出版社. 1988：214.

参考文献

[1] 毕韶丹，周丽，王凯，等．物理化学实验教程[M]．北京：清华大学出版社，2018.

[2] 蔡邦宏．物理化学实验教程[M]．南京：南京大学出版社，2016.

[3] 舒红英，陈萍华．物理化学实验[M]．北京：化学工业出版社，2016.

[4] 复旦大学，等．物理化学实验[M]．3版．北京：高等教育出版社，2004.

[5] 高滋．Experiments in Physical Chemistry 物理化学实验（英文版）[M]．北京：高等教育出版社，2005.

[6] 四川大学化工学院，罗澄源，向明礼，等．物理化学实验[M]．4版．北京：高等教育出版社，2004.

[7] 孙尔康，徐维清，邱金恒．物理化学实验[M]．南京：南京大学出版社，1999.

[8] 洪惠婵，黄钟奇．物理化学实验[M]．广州：中山大学出版社，1991.

[9] 南开大学化学系物理化学教研室．物理化学实验[M]．天津：南开大学出版社，1991.

[10] 上官荣昌．物理化学实验[M]．2版．北京：高等教育出版社，2003.

[11] 夏海涛．物理化学实验[M]．南京：南京大学出版社，2006.

[12] 傅献彩，沈文霞，姚天扬，等．物理化学[M]．5版．北京：高等教育出版社，2015.

[13] 天津大学物理化学教研室．物理化学实验[M]．北京：高等教育出版社出版，2015.

[14] 张国伟，冯绍平，陈显兰，等．二组分气液平衡相图绘制实验用冷凝内置式沸点仪：201720277710.8[P]．2017-10-27.

[15] 陈显兰，张国伟，冯绍平，等．燃烧热实验载料组合装置：201920130775.9[P]．2019-11-05.

[16] 陈显兰，张国伟，张举成，等．燃烧热实验压片装置：201920131513.4[P]．2019-11-01.

[17] 陈显兰，张国伟，张举成，等．燃烧热实验装置：201920130772.5[P]．2019-12-03.

[18] 叶春松，夏自平．煤的发热量测定方法若干问题讨论[J]．华中电力，1999（1）4-6.

[19] 陈显兰，张国伟，冯绍平，等．一种液体表面张力测定装置：2019201155922.X[P]．2019-12-03.

[20] 陈显兰，张国伟，刘卫，等．二元合金相图实验改进[J]．化学教育，2014，6：32-34.

[21] Salzberg H W，et al. Physical Chemistry Laboratory [M]．London：Macmillan Publishing Co Inc，1978，38.

[22] 高庆．酒精、汽油不同比例混合时燃烧热的测定[J]．中国高新区，2017（11x）：39-40.

[23] 陈创前，杨水兰，于春侠．化学反应焓变测定实验装置改进与误差分析探讨[J]．教育教学论坛，2016（29）：257-258.

[24] 舒宝生，万勇，汪晓红．关于热力学中热力学能和热力学焓的讨论[J]．黄冈师范学院学报，2020（40）：108-110.

[25] 王卫东. NaCl 在 H_2O 中活度系数测定的研究 [J]. 中国井矿盐, 2005 (36).

[26] 阎卫东, 徐奕瑾, 韩世钧. NaCl 在 CH_3OH-H_2O 混合溶剂中活度系数的测定 [J]. 化学学报, 1994 (52): 937-946.

[27] 王卫东, 胡珍珠. LaCl$_3$ 在 H_2O 中活度系数测定的研究 [J]. 内蒙古石油化工, 2005 (1): 5-6.

[28] 吴燕, 衣守志, 刘丹凤, 等. 实验室乙醇-环乙烷废液的分离与回收 [J]. 中国轻工教育, 2006 (F12): 27-28.

[29] 李芳, 崔艳霞. 环己烷-乙醇混合液分离回收的试验研究 [J]. 忻州师院学院学报, 2000 (2): 45-46.

[30] 李威, 胡国强, 初中江. 乙醇-环己烷混合物的分离与回收 [J]. 辽阳石油化工高等专科学校学报, 1999 (3): 32-36.

[31] 黎如霞, 李浩. 关于乙醇中含水检验的商榷 [J]. 化学教育, 1989, 10 (3): 45.

[32] 吴也平, 郝治湘, 侯近龙, 等. 实验废液中环己烷回收的研究 [J]. 齐齐哈尔大学学报, 2003 (1): 23-25.

[33] 翁雅彤, 胡国强. 乙醇环己烷废液的回收 [J]. 辽宁城乡环境科技, 1999 (6): 45-47.

[34] 程能林, 胡声闻. 溶剂手册 (上册) [M]. 北京: 化学工业出版社, 1986: 185-188.

[35] 顾正桂, 章高健. 乙醇浓缩和回收的萃取剂及萃取精馏工艺 [J]. 化学工程师, 1993 (6): 6-8.

[36] 王玉春. 乙醇-水溶剂的吸附分离 [J]. 现代化工, 1998 (3): 50-57.

[37] 吴乃登. 玉米粉吸附乙醇蒸汽中的水 [J]. 化学工程师, 1993 (4): 9-11.

[38] 邹盛欧. 渗透蒸发法膜分离技术及其应用 [J]. 化学工程师, 1994 (6): 24-28.

[39] 侯万国, 孙德军, 张春光. 应用胶体化学 [M]. 北京: 科学出版社, 1998.

[40] [苏] 拉甫罗夫 И C. 胶体化学实验 [M]. 赵振国, 译. 北京: 高等教育出版社, 1992.

[41] DOMINGUEZ A, FERNANDEZ A, GONZALEZ N, et al. Determination of critical micelle concentration of some surfactants by three techniques [J]. J Chem Educ, 1997, 74 (10): 1227.

[42] SAIYAD A H, BHAT S G T, RAKSHIT A K. Physicochemical properties of mixed surfacant systems: sodium dodecyl benzene sulfonate with triton X 100 [J]. Colloid & Polymer Science, 1998, 276 (10): 913-919.

[43] HUIBERS P D T, LOBANOV V S, KATRITZKY A R, et al. Prediction of critical micelle concentration using a quantitative structure-property relationship approach. 1. nonionic surfactants [J]. Langmuir, 1996, 12: 1462-1470.